D1616048

LO QUE CUENTAN LAS ESTRELLAS

UN RECORRIDO VISUAL
POR NUESTRO CIELO

LO QUE CUENTAN LAS ESTRELLAS

KELSEY OSEID

AGUILAR

SUMARIO

INTRODUCCIÓN

Durante la mayor parte de la historia de la humanidad, nuestro conocimiento del cosmos no se basaba en evidencias científicas, sino en lo que observábamos en el cielo nocturno cuando alzábamos la vista hacia esa inmensidad oscura y titilante.

Hubo un tiempo en que concebíamos el cielo como una suerte de caparazón esférico hueco que rodeaba la Tierra, y las estrellas como puntos brillantes de aquella cubierta. Cuando nos percatamos de que algunos de estos puntos luminosos seguían trayectorias celestes diferentes, modificamos nuestra explicación: la Tierra no estaba envuelta en una única esfera, sino en varias capas de cristal, transparentes, encajadas unas dentro de otras, y que giraban en sentidos distintos. A partir de ese esquema, cartografiamos las constelaciones, el Sol y la Luna.

Aunque nuestras antiguas teorías sobre el modo en que funcionaba el universo eran imperfectas en muchos aspectos, la observación del firmamento resultó clave para alcanzar algunos de los hitos más importantes de la humanidad. Los calendarios basados en el movimiento del Sol, la Luna y las estrellas desempeñaron un papel fundamental en el desarrollo de la agricultura. Asimismo, la posición de las estrellas fue primordial para la navegación y permitió a los exploradores surcar el globo. La importancia de las estrellas en nuestra historia es innegable.

Dado que muchos de nosotros pasamos la mayor parte de nuestro tiempo en espacios cerrados y vivimos en ciudades con contaminación lumínica, nuestra observación de las estrellas se reduce, con frecuencia, a dedicar una mirada a la Luna alguna noche particularmente luminosa. Inundados por la luz artificial del mundo moderno, resulta imposible apreciar la Vía Láctea, nuestra propia galaxia, que se extiende por el cielo como un delicado riachuelo de luz. Así las cosas, resulta fácil olvidarse de la magia del cielo nocturno.

Tomarse el tiempo de mirar hacia arriba supone conectar con una experiencia ancestral del ser humano, que puede llegar a ser una fuente inagotable de asombro y sobrecogimiento. Este libro realiza un recorrido por el cielo nocturno, y se detiene en la antigua historia y en los nombres que los astrónomos de hoy en día siguen empleando. Abordaremos los elementos más luminosos de nuestro sistema solar, las constelaciones, la Luna, las estrellas brillantes y los planetas visibles; y nos aproximaremos a los fenómenos celestes que nos resultan algo menos familiares, como los exoplanetas y el espacio profundo. A lo largo de este viaje, exploraremos algunos de los mitos antiguos que se esconden tras nuestro cielo nocturno, así como los principios científicos básicos que subyacen tras aquello que vemos, y aquello que no, en las estrellas.

NUESTRO LUGAR en el ESPACIO

PARA ABORDAR LOS FENÓMENOS CELESTES QUE NOS RODEAN, CIERTOS PROFESORES DE CIENCIAS SUELEN EMPEZAR POR NUESTRA «DIRECCIÓN CÓSMICA»

Vivimos en un planeta llamado

TIERRA

Que orbita alrededor de una estrella llamada

SOL

En un sistema llamado

SISTEMA SOLAR

En una galaxia llamada

VÍA LÁCTEA

En un cúmulo de galaxias llamado

GRUPO LOCAL

Contenido en el

SUPERCÚMULO DE VIRGO

Que es uno de los millones de supercúmulos que hay dentro del

UNIVERSO OBSERVABLE

LAS CONSTELACIONES

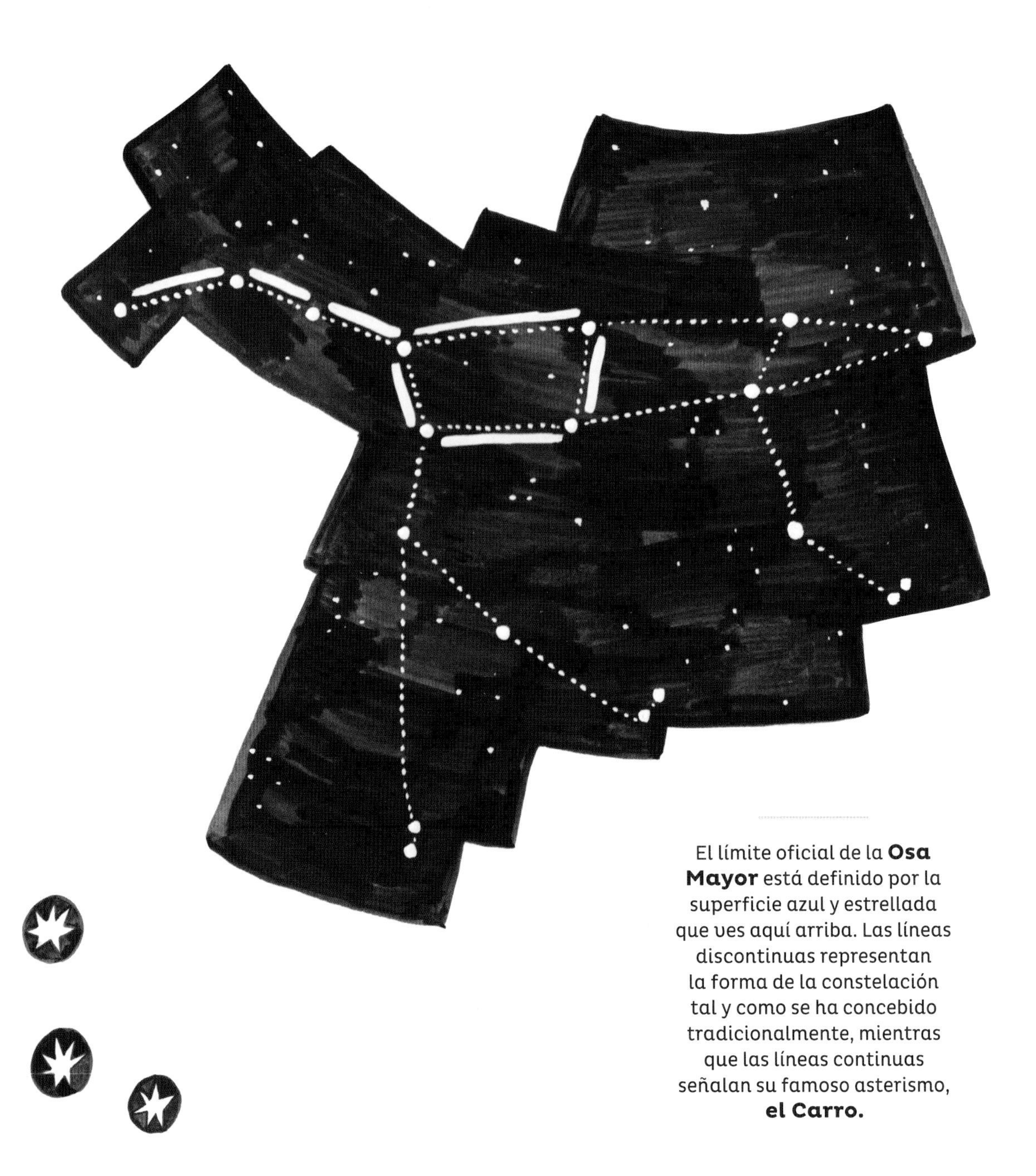

El límite oficial de la **Osa Mayor** está definido por la superficie azul y estrellada que ves aquí arriba. Las líneas discontinuas representan la forma de la constelación tal y como se ha concebido tradicionalmente, mientras que las líneas continuas señalan su famoso asterismo, **el Carro.**

las CONSTELACIONES

Las constelaciones son algo muy antiguo y muy joven al mismo tiempo. Les hemos otorgado nombres que remiten a la Antigüedad —Aquila, Hydrus, Equuleus, Grus—, basados en palabras de lenguas muertas hoy en día. Asimismo, les hemos atribuido mitos ancestrales, donde abundan los dioses, la magia, la aventura y la venganza. ¿Qué podría dar más sensación de antigüedad?

No obstante, en cierto sentido, las formas del cielo son algo transitorio. El mero hecho de verlas depende de nuestra perspectiva espacial y temporal, puesto que el universo se encuentra en movimiento constante. Si hubiéramos surgido en otro momento o en otro lugar, las estrellas nos parecerían completamente distintas. Aunque los astros que forman las constelaciones estén aparentemente cerca, en la mayoría de los casos su ubicación espacial real no es en absoluto cercana. Además, por mucho que las percibamos como planas, las estrellas, por supuesto, existen en tres dimensiones. Si pudiéramos viajar hasta alguna de ellas y así cambiar nuestro punto de vista, no seríamos capaces de identificar ninguna de las constelaciones que conocemos.

Resulta difícil aceptar que todas esas figuras estrelladas que consideramos partes inamovibles de nuestro mundo sean efímeras en la escala temporal del cosmos. No nos gusta que nos recuerden que tan solo estamos de paso, de modo que nos aferramos a las constantes que nos parecen más seguras. Cuando alzamos la vista, queremos reconocer lo que vemos. Y hasta ahora, lo hemos conseguido.

La escala del tiempo de la humanidad es diminuta en comparación con la del universo: los humanos modernos existen desde hace solo unos 200.000 años, mientras que la edad del universo ha sido estimada en 13.800 millones de años. Las estrellas han cambiado de lugar, pero lo han hecho tan despacio que para nosotros su desplazamiento ha sido casi imperceptible. Del mismo modo, nuestro sistema solar también se ha movido poco a poco. Con todo, hasta donde podemos recordar, las constelaciones han presentado el mismo aspecto que hoy nos muestran.

En astronomía, el término **constelación** hace referencia al área incluida dentro de unos límites trazados en torno a una región del cielo, y no a la brillante agrupación de estrellas que percibimos a simple vista, a las que los astrónomos denominan **asterismos.** Muchas constelaciones, si no la mayoría, contienen asterismos del mismo nombre (dentro de los límites de la constelación de Orión se reconoce una brillante forma estrellada: la de Orión el cazador). Otras, en cambio, contienen asterismos identificables (la constelación de la Osa Mayor contiene el asterismo del Carro).

Aunque los asterismos fáciles de reconocer, como el Carro, pueden resultar de ayuda a la hora de orientarse cuando se observa el firmamento, en este libro nos centraremos en las constelaciones establecidas por la **Unión Astronómica Internacional** (UAI). Estas son las regiones que usan los astrónomos para describir en qué punto del cielo aparece cualquier fenómeno, y cubren toda la superficie de la bóveda celeste.

• ● •

Las constelaciones nos sirven como una especie de leyenda del cielo: todas las estrellas observables desde la Tierra, ya sea a simple vista o con telescopio, tienen asignada una constelación concreta. Asimismo, son útiles a la hora de ubicar otros fenómenos espaciales. Un astrofísico hablará, por ejemplo, de una «nebulosa en la constelación de Tauro» o de un «exoplaneta en la constelación de Pegaso». De este modo, aunque no alcancemos a ver estos objetos del espacio profundo, sí que podremos localizar los límites de sus constelaciones.

A lo largo de la historia, las culturas de todo el mundo dieron nombre y emplearon un sinfín de constelaciones, que, en muchos casos, se solapaban. En 1930, en un esfuerzo por crear un sistema internacional que pudiesen utilizar tanto los profesionales como los aficionados, la UAI publicó una carta astronómica universal con ochenta y ocho constelaciones que, hoy en día, sigue siendo el sistema de referencia de los astrónomos.

Más de la mitad de las ochenta y ocho constelaciones se remontan al siglo II, época en que **Claudio Ptolomeo**, un filósofo y astrónomo greco-egipcio, publicó un tratado sobre las estrellas titulado *Almagesto*. Escogió nombres para las constelaciones basados en su propia cultura, por eso el cielo está plagado de personajes de la mitología griega, así como de animales y objetos comunes en la antigua Grecia (también hay muchos nombres que provienen de la mitología sumeria y babilónica). Durante los siglos XVI y XVII, los astrónomos europeos añadieron las constelaciones restantes, que sirvieron para rellenar los espacios de las cartas celestes que el sistema de Ptolomeo había dejado vacíos y conseguir que el conjunto del firmamento fuera divisible. La mayoría de los nombres de estas constelaciones más recientes hacen referencia a los avances técnicos de la época, así como a exóticos animales que los exploradores europeos descubrían cuando navegaban por el mundo para cartografiar los cielos del sur.

Muchos de los que estudiaban las estrellas en la Antigüedad, incluyendo a Ptolomeo, creían en una u otra versión de la teoría de la **esfera celeste**:

que las estrellas no eran más que puntos de luz incrustados en una esfera que rodeaba la Tierra, y que la Tierra era el centro del cosmos.

De hecho, la creencia en la esfera celeste estaba tan arraigada que en buena parte de las representaciones de la época se dibujaban las constelaciones como si fueran imágenes reflejadas en un espejo. Es decir, representaban lo contrario de lo que vemos desde la Tierra. La intención de los antiguos era mostrar el firmamento como se imaginaban que los dioses lo verían desde el exterior de la esfera.

la ESFERA CELESTE

El reconocimiento de patrones es una de las habilidades características del ser humano. Vemos un significado por todas partes, lo haya o no. Desde la Antigüedad, hemos observado agrupaciones de estrellas brillantes en el cielo y las hemos clasificado en constelaciones, por remota que fuera su similitud con los personajes u objetos que simbolizaban. ¿De verdad el titilante zigzag de Casiopea se parece en algo a un trono? ¿Hasta qué punto las estrellas que delimitan el contorno del cuerpo en forma de reloj de arena de Orión tienen pinta de torso? El hecho de que las estrellas estén «dispuestas» de un modo concreto cuando las contemplamos desde la Tierra es una mera coincidencia, pero nuestro empeño en buscar un patrón y dotar de significado a las constelaciones pone de manifiesto un fenómeno llamado **falso reconocimiento de patrones**, del que podemos encontrar incontables ejemplos a lo largo de la historia de la astronomía. De hecho, es el responsable de que nos reconozcamos a nosotros mismos y a los objetos de nuestro mundo en el firmamento. Y todo lo que vemos en las estrellas dice mucho sobre nosotros.

Hoy en día, las constelaciones siguen siendo útiles para los habitantes de la Tierra, pues nos ofrecen un modo de ver en dos dimensiones un cosmos tridimensional tremendamente complejo. Al aprender sus nombres y unas pinceladas de las historias asociadas a ellas, comenzamos a construir un vocabulario que nos permitirá entender y hablar del cielo nocturno.

ESTRELLAS BRILLANTES

Lo brillante o débil que un observador en la Tierra perciba una estrella depende de una serie de factores. En primer lugar, influye la distancia a nuestro planeta: cuanto más cerca esté de nuestro sistema solar, más luminosa nos parecerá, y cuanto más lejos, más débil.

Sin embargo, no todas las estrellas que más resplandecen en el cielo son las más cercanas. Algunas son sencillamente más grandes y otras poseen unas cualidades intrínsecas que las hacen más luminosas. Así, puede que se encuentren más lejos de la Tierra, pero que desde aquí las distingamos con la misma nitidez. Otras veces, en cambio, nos fijamos en puntos brillantes en el cielo y los confundimos con estrellas, pero en realidad se trata de **sistemas estelares** compuestos de dos o más estrellas, y la magnitud de su brillo observado desde la Tierra puede verse incrementada.

Si bien los nombres de muchas constelaciones antiguas tienen raíces griegas o latinas, en el caso de las estrellas más brillantes, la mayoría de las denominaciones reconocidas oficialmente proviene del árabe, ya que los estudiosos del mundo islámico desempeñaron un papel fundamental en el avance de la astronomía. Durante la Edad Media, mientras que buena parte de Europa occidental se hallaba sumida en el antiintelectualismo que dominó en aquel oscuro período, el mundo islámico vivía una época de esplendor intelectual conocida como el Renacimiento islámico, que repercutió, entre otras cosas, en el avance de la astronomía. Algunos astrónomos como **Abd Al-Rahman Al Sufi** elaboraron guías del cielo con nombres árabes para las estrellas, basándose en la sabiduría popular que existía en torno al cielo. Aquellos apelativos dieron lugar (en ocasiones, latinizados) a los nombres oficiales de las mismas estrellas, y gran parte de ellos sigue vigente en la actualidad.

PRECESIÓN Y CAMBIO DE LAS ESTRELLAS POLARES

Si vives en el hemisferio norte,
seguro que has oído hablar de la Estrella del Norte,
también llamada Polaris.
No es un astro especialmente luminoso,
pero su posición en el cielo
hace que sea fundamental.

Situada en la constelación de la Osa Menor, Polaris brilla en un lugar fijo, mientras que el resto de las estrellas visibles parece rotar a su alrededor. Esto la convierte en una herramienta de navegación sumamente útil, puesto que en cualquier momento de la noche y del año marcará el norte, durante al menos unos pocos cientos de años más. No obstante, aunque Polaris parezca estar completamente anclada en el cielo, no siempre será la Estrella del Norte debido a un fenómeno llamado **precesión**. La Tierra gira en torno a un eje de rotación orientado norte-sur que está ligeramente inclinado. Gracias a esto tenemos diferentes estaciones a medida que orbitamos alrededor del Sol. Sin embargo, la inclinación del eje de la Tierra también es cíclica y sufre una rotación imperceptible en la escala de la vida humana, pero que será claramente apreciable después de cientos de miles de años. Cuando los antiguos egipcios levantaron las pirámides, la estrella polar del norte era **Thuban**, situada en la constelación de Draco, y existen pruebas de que algunas pirámides se construyeron alineadas con este astro.

Cada estrella polar ocupa su posición que es aparentemente fija, hasta el momento en que el eje terrestre se separa de ella, un proceso que se da de forma cíclica. El eje de la Tierra tarda unos veintiséis mil años en trazar un círculo y volver al punto de partida. Actualmente, nuestro eje está inclinado de tal modo que Polaris se encuentra exactamente encima del Polo Norte, es decir que hasta dentro de veintiséis mil años, Polaris no volverá a ser la Estrella del Norte.

la ECLÍPTICA

Mientras la Tierra completa su rotación diaria,
los objetos del cielo nocturno parecen salir y ocultarse
trazando un enorme arco en el trayecto.
Durante el transcurso de la noche,
da la impresión de que las estrellas recorren más o menos
el mismo camino. Sin embargo, si nos fijamos bien,
observaremos unos cuantos puntos brillantes
similares a las estrellas que siguen
una trayectoria completamente diferente.
Estos objetos son planetas.

La palabra «planeta» viene de una locución griega que quería decir «estrella errante», pues en la Antigüedad, los planetas se consideraban estrellas que habían decidido no seguir al resto de sus compañeras y vagaban por el cielo siguiendo su propia ruta. Esa ruta celeste única que los planetas y la Luna recorrían por la noche, y el Sol durante el día, se llama la **eclíptica**.

Si trazásemos una línea imaginaria de ese camino en una carta celeste, atravesaría trece constelaciones: Aries, Tauro, Géminis, Cáncer, Leo, Virgo, Libra, Escorpio, Ofiuco, Sagitario,

Capricornio, Acuario y Piscis. Con la excepción de Ofiuco, que apenas roza la eclíptica, todas las demás nos resultan familiares, pues coinciden con los doce signos de la **astrología** occidental, por lo que también se conocen con el nombre de **constelaciones del zodiaco**.

El fenómeno conocido como **retrogradación** es el responsable de que en ocasiones tengamos la sensación de que los planetas detienen su recorrido por la eclíptica y retroceden durante breves lapsos de tiempo, para luego reanudar su camino original. Puesto que los astrónomos antiguos creían en un modelo geocéntrico del universo (según el cual la Tierra estaba en el centro de todo), consideraban el cosmos como una suerte de plano bidimensional.

Los matemáticos y los astrónomos que partían de este modelo **geocéntrico** desarrollaron complejas ecuaciones, que algunas veces eran muy sofisticadas, para justificar el movimiento de los planetas en relación con las estrellas. Hallaron una solución matemática, pero no lograron entender la realidad física que sucedía por encima de sus cabezas.

Hoy sabemos que es el Sol (y no la Tierra) el que ocupa el centro de nuestro sistema solar, y la astronomía moderna es capaz de explicar la retrogradación porque contempla el cosmos en tres dimensiones. Así, hoy podemos afirmar que ese movimiento aparente de retroceso no es más que un engaño de perspectiva, fruto de la posición relativa de los planetas en sus órbitas.

LAS CONSTELACIONES DE PTOLOMEO

Claudio Ptolomeo fue el astrónomo de la Antigüedad que bautizó muchas de las constelaciones. Ptolomeo vivió en Alejandría, en Egipto, durante el siglo II y fue un estudioso de diversas disciplinas, entre ellas la astronomía, las matemáticas, la geografía e incluso la astrología. Su *Almagesto*, un tratado exhaustivo que recoge sus observaciones de la esfera celeste, incluía una clasificación de las estrellas y sus constelaciones.

El origen greco-egipcio de Ptolomeo es la razón de que su obra esté marcada por las interpretaciones clásicas del cielo nocturno y, por ende, de que tantas constelaciones tengan nombres latinos y griegos. Asimismo, la influencia de una rama más primitiva de la astronomía que se remonta a la antigua Mesopotamia también es notable. De modo que el sistema de Ptolomeo combinaba las antiguas constelaciones de Mesopotamia, las griegas, las romanas, y algunas más recientes que él mismo clasificó. Con frecuencia, a las constelaciones que habían sido representadas de una manera concreta desde los tiempos babilónicos, les asignó nombres e historias de la antigua mitología griega, sumamente apreciada por Ptolomeo y sus contemporáneos.

El *Almagesto* fue considerado la obra de referencia sobre las constelaciones hasta el siglo XVIII, cuando los astrónomos europeos comenzaron a ampliar (y en ocasiones a modificar) las cartas de estrellas de Ptolomeo. Pese a los múltiples ajustes que un sinfín de astrónomos realizaron al sistema de Ptolomeo en aquella época, este ha pervivido prácticamente intacto. Hoy, las cuarenta y ocho constelaciones sobre las que escribió siguen en vigor y están incluidas en un sistema oficial de ochenta y ocho constelaciones reconocido a nivel internacional.

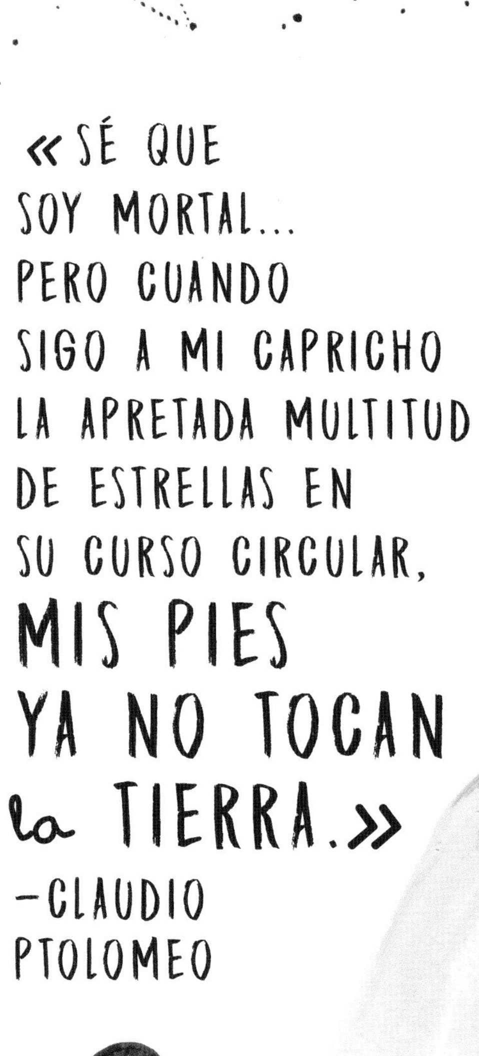
«SÉ QUE
SOY MORTAL...
PERO CUANDO
SIGO A MI CAPRICHO
LA APRETADA MULTITUD
DE ESTRELLAS EN
SU CURSO CIRCULAR,
MIS PIES
YA NO TOCAN
la TIERRA.»
—CLAUDIO
PTOLOMEO

ANDROMEDA
la princesa

ESTRELLA MÁS BRILLANTE

Alpha Andromeda
ALIAS
Alpherath

La princesa **Andrómeda** es un personaje secundario en las historias de muchas de sus constelaciones colindantes. Su madre, la **reina Casiopea**, alardeó de su belleza y desató la ira de los dioses; su padre, el **rey Cefeo**, la ofreció como sacrificio; y **Ceto**, el monstruo marino, estuvo a punto de comérsela. Andrómeda también fue la «damisela en apuros» de la historia del héroe **Perseo**, con quien terminaría casándose. En los mapas de estrellas ilustrados suele aparecer representada con las cadenas que su padre le colocó para atarla a la roca en que había de ser sacrificada. Pese a haber sido descrita como frágil, Andrómeda sobrevivió y llegó a ser reina y madre de nueve hijos. Después de todo, tal vez no fuera tan débil.

Esta constelación contiene la **galaxia** de **Andrómeda**, la más cercana a la nuestra. Se trata de uno de los objetos del cielo nocturno más lejanos y visibles sin la ayuda de tecnología, aunque solo puede apreciarse en condiciones óptimas de observación. El tamaño de la galaxia de Andrómeda supera casi dos veces al de nuestra **Vía Láctea**, y la ciencia prevé que en los próximos miles de millones de años, ambas colisionarán y se fusionarán para formar una supergalaxia.

AQUARIUS
El aguador

ESTRELLA MÁS BRILLANTE

Beta Aquarii
ALIAS
Sadalsuud

Acuario es una de las doce constelaciones del zodiaco que orbitan en torno a la **eclíptica** y está asociada al signo astrológico del mismo nombre. Es la décima constelación más grande del cielo, pero contiene estrellas más bien débiles. La figura del aguador suele aparecer representada sujetando una vasija o una jarra y vertiendo agua sobre la constelación de **Piscis Austrinus**, el pez austral.

Acuario se encuentra en una región del cielo conocida como «el mar», llamada así en razón de las constelaciones relacionadas con temas acuáticos que allí residen, como **Capricornio**, la cabra mitad pez; **Ceto**, el monstruo marino; **Delphinus**, el delfín, y **Piscis**, los peces. El nombre de su estrella más brillante, **Sadalsuud**, viene del árabe y significa «el afortunado de los afortunados».

ESTRELLA MÁS BRILLANTE

Alfa Aquilae

ALIAS

Altair

AQUILA el águila

Las águilas aparecen con frecuencia en la mitología griega, de modo que son varios los mitos helenos asociados a esta constelación. En uno de ellos, **Hera**, la esposa de **Zeus**, convirtió a un viudo desdichado en águila y lo colocó entre las estrellas para ayudarlo a olvidar su sufrimiento. En otro, Zeus se convirtió en águila para tender una trampa y raptar a **Ganímedes** (quien, a su vez, da nombre a una de las lunas de **Júpiter**). Si bien desde los tiempos de Ptolomeo se han atribuido mitos griegos a la constelación de **Aquila**, algunos siglos antes los catálogos estelares babilónicos ya asociaron el águila con esta región celeste. Resulta fácil imaginar una forma de ave en esta agrupación de estrellas, y si hay un ave que merece un lugar permanente en el firmamento es, sin duda, la poderosa águila.

La estrella más brillante de Aquila es **Altaír**, cuyo nombre quiere decir «águila» en árabe. Se encuentra a solo diecisiete años luz de la Tierra, por lo que es una de las estrellas brillantes más cercanas a nosotros.

ARA el altar

El altar es otro de los símbolos recurrentes de la mitología griega. La historia más atribuida a esta constelación cuenta que cuando los dioses se preparaban para derrocar a los **Titanes**, se reunieron en torno a un altar y se juraron lealtad mutua. Después de la reunión, **Zeus**, **Hestia**, **Deméter**, **Hera**, **Hades** y **Poseidón** vencieron a los Titanes y se hicieron con el universo. De modo que desde tiempos remotos, los altares ocuparon una posición destacada en cualquier historia que implicara a los dioses. Más adelante, tuvieron una función diferente, puesto que allí se realizaban los sacrificios para esos mismos dioses.

Ara es una de las constelaciones más pequeñas y ocupa la sexagesimotercera posición en la lista (de un total de ochenta y ocho). Se encuentra en la **Vía Láctea**, por lo que en algunas representaciones, el brillo de la galaxia figura como el rastro humeante de la ofrenda que reposa sobre el altar. La constelación contiene la **supergigante roja Westerlund 1-26**, una de las estrellas más grandes identificadas hasta el momento.

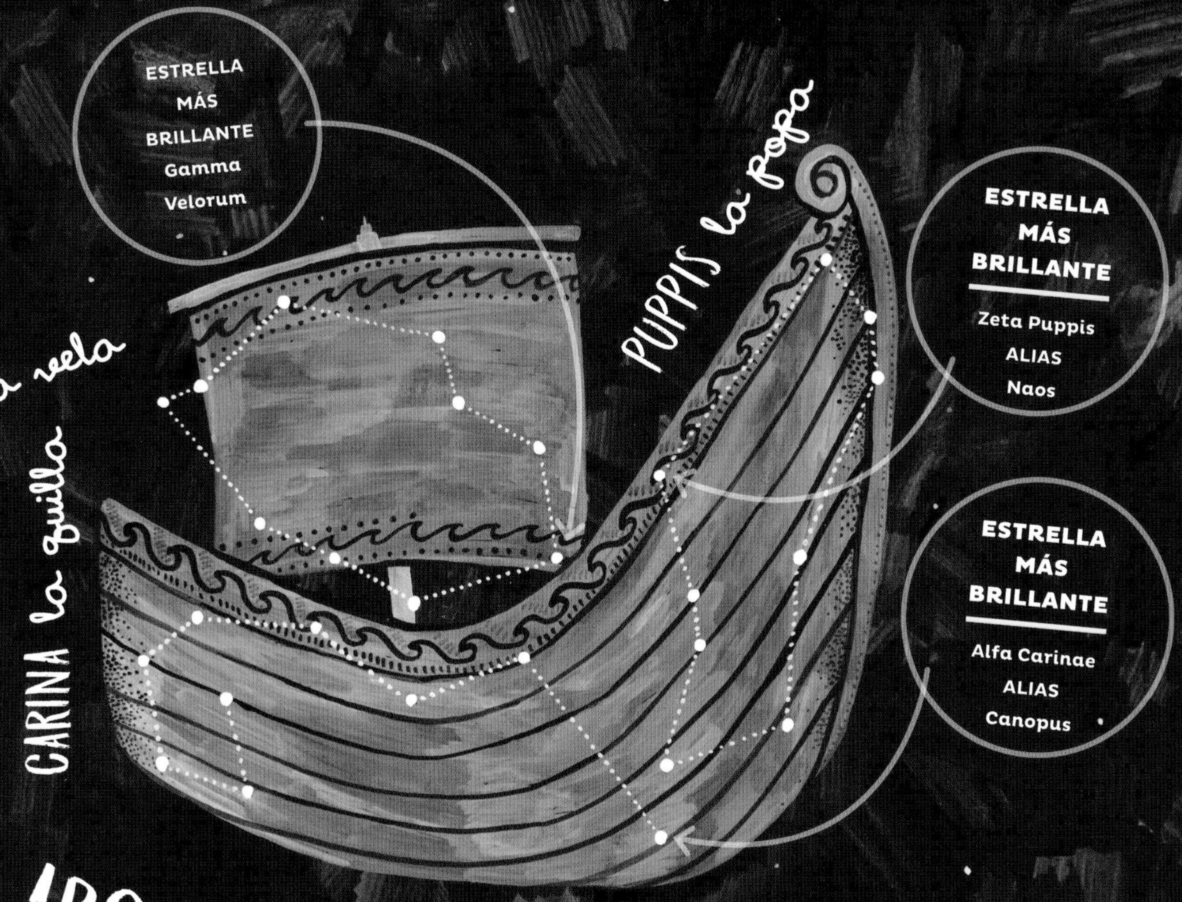

ARGO NAVIS el navío Argo

VELA la vela

CARINA la quilla

PUPPIS la popa

ESTRELLA MÁS BRILLANTE Gamma Velorum

ESTRELLA MÁS BRILLANTE Zeta Puppis ALIAS Naos

ESTRELLA MÁS BRILLANTE Alfa Carinae ALIAS Canopus

Argo Navis debe su nombre al ***Argo***, el navío a bordo del cual viajaban **Jasón y los Argonautas** en el mito griego. Es la única de las constelaciones de Ptolomeo que no conserva su forma original, puesto que cubría un área del cielo demasiado vasta y, por ende, poco práctica. Los astrónomos modernos decidieron dividirla en tres constelaciones: **Carina**, la quilla del barco; **Puppis**, la popa, y **Vela**, la vela.

Se cree que el nombre de la estrella más brillante de Carina, **Canopus**, viene de un marinero de otro episodio de la mitología griega. El nombre alternativo de la estrella más brillante de Puppis, **Naos**, significa «barco» en griego clásico. **Gamma Velorum**, la estrella más brillante de Vela, no ha recibido ningún apelativo, aparte del oficial.

ESTRELLA MÁS BRILLANTE

Alfa Arietis

ALIAS

Hamal

ARIES el carnero

Aries es una de las doce constelaciones del zodiaco y está asociada al signo astrológico homónimo. En el sistema de Ptolomeo aparece como un carnero y los astrónomos del Antiguo Egipto la relacionaron con un dios con cabeza de este mismo animal. Es muy posible que Ptolomeo estuviese influenciado por las representaciones egipcias, pero también se ha dicho que esta constelación simboliza a Crisómalo, el carnero del vellocino de oro que **Jasón y los Argonautas** fueron a buscar, según el mito griego. La constelación de Aries contiene unas cuantas galaxias lejanas. Algunas se encuentran tan cerca entre sí que sus campos gravitacionales han comenzado a colisionar (de manera bastante similar a lo que tal vez suceda entre la **Vía Láctea** y **Andrómeda**, nuestra galaxia vecina).

El nombre alternativo de la estrella más brillante de esta constelación, es **Hamal**, que viene del árabe y significa «cabeza de carnero».

AURIGA
el cochero

ESTRELLA MÁS BRILLANTE

Alfa Aurigae

ALIAS

Capella

La palabra **Auriga** significa «cochero» en latín y, con frecuencia, el símbolo de esta constelación es un cochero o un casco de cochero terminado en punta. En la astronomía babilónica se representaba con el cayado de un pastor, y son muchas las cartas del cielo ilustradas donde el conductor del carro lleva consigo una cabra.

El nombre popular de la estrella más brillante de la constelación es **Capella**, que viene del latín y significa «cabra hembra». Aunque Capella parece una única estrella brillante —es uno de los objetos más brillantes del cielo nocturno observables desde la Tierra—, en realidad se trata de un **sistema estelar** formado por dos pares de **estrellas binarias**.

ESTRELLA MÁS BRILLANTE

Alfa Boötis

ALIAS

Arcturus

BOÖTES el boyero

Boötes, el boyero, es fácilmente reconocible por el **asterismo** en forma de cometa que compone su cuerpo. Su nombre significa «boyero» en griego antiguo y a menudo aparece con un bastón o un cayado de pastor en una mano y una guadaña en la otra. En algunos atlas astronómicos, el boyero figura llevando a los perros de la constelación vecina **Canes Venatici** con una correa.

La estrella más brillante de Boötes, **Arturo**, es una de las más brillantes del cielo nocturno. Toma su nombre de la antigua palabra griega Arcturus para denominar al «guardián de la osa», pues se encuentra junto a la constelación de la **Osa Mayor** y en muchas cartas celestes Boötes aparece protegiendo a un rebaño del ataque de los osos, cazando osos o incluso, pastoreándolos.

ESTRELLA MÁS BRILLANTE

Beta Cancri
ALIAS
Altarf

CANCER
el cangrejo

Cáncer es una de las doce constelaciones del zodiaco y está asociada al signo astrológico del mismo nombre. La palabra *cancer* viene del latín y significa «cangrejo». Esta constelación es poco brillante comparada con otras agrupaciones de estrellas; de hecho, es la más débil de las constelaciones del zodiaco. Aun así, nuestros antepasados le dieron un nombre, probablemente para rellenar el hueco en la **eclíptica** entre sus vecinos más resplandecientes, **Géminis** y **Leo**.

Cáncer alberga uno de los **cúmulos abiertos** más cercanos a nuestro sistema solar: **Messier 44**, también conocido con el sobrenombre del **Pesebre**. Esta agrupación de estrellas se distingue a simple vista como un borrón nebuloso, por lo que incluso los astrónomos de la Antigüedad se percataron de su existencia. En el siglo XVII, **Galileo Galilei** observó el Pesebre con un telescopio y distinguió cuarenta estrellas individuales, aunque hoy sabemos que este cúmulo contiene más de mil.

El nombre de la estrella más brillante de Cáncer, **Altarf**, procede del árabe y significa «la punta».

ESTRELLA MÁS BRILLANTE

Alfa Canis Majoris

ALIAS

Sirio

CANIS MAJOR

el can mayor

Canis Major se encuentra al sureste de la constelación de Orión y parece seguirle la pista cuando viajan por el cielo, por lo que el can mayor suele figurar como el compañero de caza de **Orión**. También se asocia a esta constelación con **Lélape**, el perro mitológico a quien nunca se le resistió una presa.

La estrella más brillante de Canis Major, **Sirio**, es la que más brilla en nuestro cielo nocturno; de hecho, su magnitud es casi dos veces superior a la siguiente en la lista. Su nombre viene del griego antiguo y significa «ardiente» o «brillante».

En la Antigüedad fue un astro fundamental para la navegación y la elaboración de calendarios. En realidad, Sirio es un **sistema estelar binario** que nuestros ojos perciben como una única estrella. Además, es muy luminoso y está relativamente cerca de la Tierra, por eso nos parece tan brillante. Sirio también se conoce como «la estrella del perro» y de hecho la expresión «período canicular» hace referencia a los días más calurosos del verano, cuando este astro y el Sol salen prácticamente a la vez.

ESTRELLA MÁS BRILLANTE

Alfa Canis Minoris
ALIAS
Procyon

CANIS MINOR el can menor

Al igual que su vecino **Canis Major**, el can menor suele figurar como uno de los perros de caza de **Orión**. Otras interpretaciones la relacionan con la zorra del mito de **Lélape**: el perro Lélape, cazador infalible representado en el cielo por Canis Major, y la **zorra teumesia**, la criatura inalcanzable representada por **Canis Minor**. En el mito, el perro empezó a perseguir a la zorra y así comenzó la paradoja. Cuando Zeus se percató, decidió resolverla ascendiendo a ambos animales al cielo.

Como sucede también con Canis Major, Canis Minor contiene una estrella brillante: **Procyon**, la octava estrella más brillante de nuestro firmamento. Sin embargo, a diferencia de Sirio, Procyon no es una estrella muy luminosa, pero se encuentra lo suficientemente cerca de nuestro sistema solar como para parecernos resplandeciente. Su nombre viene del griego clásico y significa «antes del perro», pues sale y se pone antes que Sirio, la «estrella del perro».

ESTRELLA MÁS BRILLANTE

Delta Capricorni
ALIAS
Deneb Algedi

CAPRICORNUS

la cabra mitad pez

Capricornio es una de las doce constelaciones del zodiaco y está asociada al signo astrológico homónimo. Con frecuencia, una criatura **quimérica** con cabeza de cabra y cuerpo de pez representa a esta constelación. En la antigua Grecia la asociaban con **Pan**, el dios astado de los pastores y los rebaños, pero su origen se remonta a la época de los sumerios, quienes la denominaban la «cabra-pez».

Capricornio se encuentra en la región del cielo llamada «el mar», por la cantidad de constelaciones relacionadas con el agua que alberga, entre otras, las colindantes con Capricornio: **Acuario**, el aguador, y **Piscis Austrinus**, el pez austral.

El nombre de su estrella más brillante, **Deneb Algedi**, viene del árabe y quiere decir «cola de cabra».

CASSIOPEIA la reina

Casiopea es una de las constelaciones más brillantes y fáciles de reconocer en el cielo: una resplandeciente W o una M, en función del momento en que la observemos. Según la mitología griega, Casiopea era la reina que gobernaba junto al **rey Cefeo**, también apodada la «reina vanidosa» pues comienza su historia alardeando sobre su belleza.

Según el mito, Casiopea se jacta de que su hija **Andrómeda** y ella son más hermosas que las nereidas, las ninfas del mar. Como venganza, **Poseidón**, el dios de los mares, envía a **Ceto**, un monstruo marino, a destruir el reino de Casiopea y Cefeo. Además, para castigar a la reina, la situó en el cielo de tal modo que pasara medio año del revés. Casiopea rota eternamente por el firmamento y está la mitad del tiempo boca abajo.

El nombre de la estrella más brillante de Casiopea, **Schedar**, significa «pecho» en árabe, y en muchas representaciones aparece en el pecho de la reina.

CENTAURUS el centauro

Los **centauros** son criaturas de la mitología griega con cuerpo de caballo y torso y cabeza de hombre. Hay dos centauros en el cielo: **Sagitario**, el arquero, y **Centauro.** Tradicionalmente, se ha considerado que esta constelación representa a **Quirón**, el sabio centauro encargado de la educación de numerosas deidades de la mitología griega.

La estrella más brillante de Centauro, **Alfa Centauri**, está entre las más brillantes del firmamento. En realidad, se trata de un sistema estelar compuesto de dos estrellas, **Alfa Centauri A** y **Alfa Centauri B**, y de una estrella enana roja llamada **Próxima Centauri**. Alfa Centauri es el **sistema estelar** más cercano al nuestro y Próxima Centauri, su componente más próximo, se halla tan solo a cuatro años luz de nosotros.

En la mitología griega, **Cefeo** era el esposo de **Casiopea** y el padre de **Andrómeda**. Cuando los alardes de Casiopea sobre su propia belleza y la de su hija desataron la ira de **Poseidón**, el dios del mar, Cefeo consultó a un oráculo para salvar su reino, sumido en una situación de amenaza. El **oráculo** le anunció que tenía que encadenar a su hija a una roca y, si **Perseo** no hubiera aparecido en el último momento para salvarla, esta habría muerto devorada por **Ceto**, el monstruo marino. Aunque algunas versiones narran que Cefeo imploró la salvación de su hija a los dioses, en conjunto la historia no muestra una visión muy halagadora del rey. Con todo, Cefeo logró obtener un hogar permanente entre las estrellas.

La constelación de Cefeo contiene algunas de las estrellas más grandes que se conocen en el universo, así como el mayor **agujero negro** del que tengamos constancia.

Ceto es la cuarta constelación más grande del cielo. Su nombre viene del latín y significa «pez grande» o «monstruo marino». (Los **cetáceos** son el grupo de mamíferos al que pertenecen ballenas y delfines.) En la historia moderna se hace referencia a Ceto como a «la ballena», pero las representaciones antiguas de esta constelación solían relacionarla con el monstruo marino del mito de **Perseo** y **Andrómeda**. Fue enviado para destruir el reino de **Casiopea** y hubiese matado a Andrómeda si Perseo no hubiera llegado a tiempo. Ceto se encuentra en la región del cielo llamada «el mar» en razón de las muchas constelaciones relacionadas con el agua que alberga, como **Acuario**, el aguador, **Delphinus**, el delfín, y **Eridanus**, el río.

El nombre de su estrella más brillante, **Diphda**, viene del árabe y significa «rana».

CORONA AUSTRALIS la corona austral

ESTRELLA MÁS BRILLANTE

Alfa Coronae Australis
ALIAS
Alfecca Meridiana

El origen del nombre de esta constelación viene de la palabra latina *corona*, y por eso **Corona Australis** aparece tradicionalmente representada por una corona de hojas —tan frecuentes en la mitología griega—, como las que se entregaban de premio a los ganadores de las competiciones en la Antigua Grecia. Para algunos, Corona Australis es la corona caída de la cabeza de **Sagitario**, la constelación colindante por el norte.

Es una de las constelaciones más pequeñas, ocupa el octogésimo lugar de ochenta y ocho y se considera la homóloga sureña de otra corona del cielo, la **Corona Borealis** (*austral* quiere decir «del sur» en latín).

Su estrella más brillante, **Alfecca Meridiana**, debe su nombre a la estrella más brillante de la Corona Borealis.

CORONA BOREALIS
la corona boreal

ESTRELLA MÁS BRILLANTE

Alfa Coronae Borealis
ALIAS
Alfecca

En la mitología griega abundan los reyes, las reinas y la realeza de toda clase. Hay quien considera que la **Corona Borealis** era la corona que **Hefesto**, el dios griego del fuego y de la forja, fabricó para que la princesa **Ariadna de Creta** la llevase el día de su boda con el dios **Dionisio**. Pero, en realidad, la Corona Borealis podría representar cualquiera de las coronas de la mitología griega.

Su estrella más brillante se llama **Alfecca**, nombre que los árabes dieron a esta constelación, y quiere decir «roto», en referencia al anillo de estrellas que parece estar quebrado por la parte superior. Esta estrella brillante también se conoce con el nombre de **Gemma**, palabra latina que significa «joya» o «gema».

CRATER la copa

Crater es una constelación poco brillante del cielo meridional. Representa la copa del mito asociado a sus constelaciones vecinas: **Corvus**, el cuervo, e **Hidra**, la serpiente.

Tanto Crater como Corvus son personajes de uno de los mitos griegos sobre el dios **Apolo**, según el cual Apolo enseñó a un cuervo a traerle agua desde un manantial, le dio una copa y le ordenó que la trajera llena. Pero por el camino, el cuervo se distrajo con una higuera y pasó varios días esperando a que sus frutos estuvieran maduros. Solo después llenó la copa y se la llevó de vuelta al enojado Apolo.

El cuervo culpó de su retraso a la serpiente de agua que habitaba el manantial, pero Apolo no se lo creyó. Preso de rabia, lanzó el cuervo, la copa y la serpiente de agua al cielo, donde se convirtieron en las constelaciones de Corvus, Crater e Hidra.

CORVUS el cuervo

Corvus, que linda con **Crater**, es otra constelación débil y relativamente pequeña. El mito principal asociado a él es la misma historia de **Apolo** que se le atribuye a Crater. Pero además del castigo que Corvus recibe en ese episodio —quedar atrapado en el firmamento como una constelación—, el cuervo también fue sancionado por otros dioses. Por ejemplo, recibió la maldición de adquirir su característico color negro azabache, o de que situaran la copa de agua, Crater, fuera de su alcance. Según el mito griego, la sequedad del gorjeo del cuervo es el legado de la eterna sed de Corvus.

Corvus, asimismo, es el nombre científico de un género de aves que incluye a cuervos y grajos.

El nombre de su estrella más brillante, **Gienah**, viene del árabe y significa «el ala derecha del cuervo».

CYGNUS el cisne

Alfa Cygni
ALIAS
Deneb

Cygnus se encuentra en la **Vía Láctea** y suele representarse con un cisne. Es una constelación fácil de reconocer por el asterismo en forma de cruz que simboliza el contorno de su cuerpo y las partes principales de las alas. Este conjunto se conoce como la **Cruz del Norte**, y algunos observadores de cielo nocturno lo llaman «la columna vertebral de la Vía Láctea».

El nombre de esta constelación quiere decir «cisne» en griego antiguo. Son muchos los mitos clásicos asociados a este animal, y frecuentes los personajes que se disfrazan o a quienes los dioses convierten en cisnes.

El nombre de la estrella más brillante de Cygnus, **Deneb**, proviene del árabe y quiere decir «parte trasera» o «cola». De hecho, en la mayoría de las representaciones, Deneb aparece situada en la cola del cisne. **Altaír**, la estrella más brillante de **Aquila**; **Vega**, la de **Lira**, y Deneb forman el **Triángulo de Verano**, un prominente asterismo que se extiende por las tres constelaciones y puede observarse desde el hemisferio norte durante los meses de verano.

DELPHINUS el delfín

ESTRELLA MÁS BRILLANTE

Beta Delphini
ALIAS
Rotanev

Los delfines eran animales comunes en la Antigua Grecia, cuando mucha gente vivía en la costa y trabajaba en el mar. Las criaturas marinas simbolizaban la ayuda y la generosidad, y en la mitología solían realizar actos desinteresados para salvar a humanos en apuros, aunque también existen mitos donde estos animales eran un instrumento de los dioses, que los usaban para convencer a los ingenuos humanos de que debían satisfacer sus antojos. En ocasiones, se presenta a **Delphinus** como el mensajero de **Poseidón**, el dios griego del mar.

Los nombres de las estrellas más brillantes de las constelaciones suelen tener raíces antiguas, pero en el caso de **Rotanev**, la historia es mucho más reciente. Un astrónomo del siglo XIX, **Niccolò Cacciatore**, le puso su apellido a la estrella, si bien es cierto que de manera un tanto subrepticia. En italiano, Cacciatore significa «cazador», que traducido al latín es *venator*, lo que deletreado al revés da «Rotanev». En realidad, Rotanev es un **sistema estelar binario** compuesto de una estrella gigante y una subgigante.

DRACO el dragón

ESTRELLA MÁS BRILLANTE
Gamma Draconis
ALIAS
Eltanin

La constelación de **Draco** serpentea alrededor de la **Estrella del Norte** y la **Osa Mayor**. A menudo se asocia al dragón mitológico griego que **Hércules** mató durante sus **doce trabajos**. El nombre de su estrella más brillante, **Eltanin**, de origen árabe, quiere decir «el dragón» o «la serpiente».

Thuban, una de las estrellas de Draco, fue en otro tiempo la **estrella polar**: era la estrella más brillante situada prácticamente encima del Polo Norte que parecía estacionaria, en razón de su alineamiento con el eje de la Tierra. Hoy sabemos que, con el paso del tiempo, el eje terrestre varía ligeramente y que a lo largo de los milenios ha ido cambiando de orientación. Actualmente, la estrella polar del norte es **Polaris**, situada en la **Osa Menor**. No obstante, el eje sigue tambaleándose y dentro de unos veinte mil años, Thuban volverá a ser la estrella polar del norte.

ESTRELLA MÁS BRILLANTE

Alfa Equulei
ALIAS
Kitalpha

EQUULEUS el caballo menor

Equuleus es una constelación débil y es la segunda más pequeña del cielo. Su nombre significa «pequeño caballo» o «potro». Se cree que Ptolomeo la inventó cuando cartografió el cielo para su *Almagesto* y la añadió a su catálogo de formas estrelladas para rellenar lo que él percibía como un vacío. Puesto que el origen de esta constelación no se remonta tan lejos como el de otras, Equuleus no está asociada a ningún mito en concreto, aunque los caballos desempeñaron, sin duda, un papel destacado en el comercio y la cultura de la época de Ptolomeo.

Eclipsada en tamaño y en magnitud por su vecina **Pegaso**, a menudo caracterizada por un gran cuerpo y unas enormes alas plumadas, Equuleus suele representarse con la cabeza de un potro y su cuerpo suele estar ausente en la mayoría de las cartas celestes ilustradas. El nombre de su estrella más brillante, **Kitalpha**, significa «parte del caballo» en árabe.

ESTRELLA MÁS BRILLANTE

Alfa Eridani

ALIAS

Achernar

ERIDANUS el río

Eridanus es la sexta constelación más grande del cielo. Sus estrellas forman un camino largo y serpenteante, tradicionalmente interpretado como un río. Se suele relacionar con algunos de los ríos de **Hades**, el inframundo de la mitología griega, aunque también ha sido asociada al río **Nilo**, en Egipto, y al **Po**, en Atenas. En realidad, su vínculo con el agua se remonta a tiempos babilónicos.

Se cree que la constelación contiene un **supervacío enorme**: una misteriosa extensión de universo prácticamente desprovista de galaxias. Pese a lo que su nombre pueda sugerir, los supervacíos no están completamente vacíos, pero son mucho menos densos que el resto del cosmos.

El nombre de la estrella más brillante de Eridanus, **Achernar**, proviene del árabe y significa «el final del río».

ESTRELLA MÁS BRILLANTE

Beta Geminorum
ALIAS
Pollux

GEMINI
los gemelos

Géminis es una de las doce constelaciones del zodiaco y está asociada al signo astrológico del mismo nombre, que en latín significa «gemelos». Los gemelos mitológicos asociados a ella son **Castor** y **Pollux,** que, a su vez, son los nombres de las dos estrellas más brillantes de la constelación. En la mitología griega, estos gemelos eran hijos de **Zeus** y hermanos de **Helena de Troya**. Se los suele representar de la mano o abrazados.

Géminis es útil para localizar a las **Gemínidas**, una prominente lluvia de meteoros que tiene lugar todos los años en diciembre, cuando una estela de polvo procedente de un asteroide llamado **3200 Faetón** coincide con el recorrido de la Tierra. Durante una lluvia de Gemínidas, a veces es posible llegar a ver cien meteoros en una hora.

HERCULES el héroe

Hércules es la quinta constelación más grande del cielo y su nombre hace alusión a uno de los personajes más famosos de la mitología griega, Heracles, uno de los muchos hijos de **Zeus**. Existen incontables mitos sobre las heroicas hazañas y viajes de este semidiós, como por ejemplo los **doce trabajos**, donde aparecen muchos personajes que también están representados en el cielo. Uno de ellos es **Hidra**, la monstruosa serpiente que mató en su segundo trabajo. Otro es **Draco**, el dragón al que dio muerte para conseguir las manzanas doradas del **Jardín de las Hespérides**.

El nombre de su estrella más brillante, **Kornephoros**, viene del griego y significa «el portador del garrote». De hecho, Hércules suele aparecer representado con un garrote en la mano.

HYDRA la serpiente de agua

ESTRELLA MÁS BRILLANTE

Alfa Hydrae
ALIAS
Alphard

Hidra es la mayor constelación de nuestro cielo nocturno. La serpiente de agua aparece como personaje secundario en las historias de otras dos constelaciones. En el mito de **Corvus** y **Crater**, el cuervo intenta engañar a Apolo y culpa a Hidra de su retraso en llevarle la copa de agua. En la historia de los **doce trabajos** de **Hércules**, Hidra es el monstruo venenoso de muchas cabezas que el héroe mata en su segundo trabajo.

El nombre de su estrella más brillante, **Alphard**, tiene origen árabe y quiere decir «la solitaria», y es que no tiene cerca a ninguna otra estrella especialmente brillante.

LEO el león

Leo es una de las doce constelaciones del zodiaco, está asociada al signo astrológico del mismo nombre y relacionada con dos historias mitológicas. En la primera, es el **león de Nemea**, al que **Hércules** cazó y despojó de su piel para después vestirse con ella. En la tragedia de **Píramo** y **Tisbe**, es la leona cuyas garras ensangrentadas indujeron a Píramo a creer que el animal había devorado a su amante.

La constelación contiene muchas estrellas brillantes y sirve como localizadora para las **Leónidas**, una de nuestras lluvias de meteoros más abundante.

El nombre de la estrella más brillante de la constelación, **Regulus**, significa «príncipe» en latín.

ESTRELLA MÁS BRILLANTE

Alfa Leonis
ALIAS
Regulus o Régulo

LEPUS la liebre

Lepus, la liebre, es una constelación de tamaño mediano que vemos en el cielo cerca de **Orión**. Con frecuencia, en las representaciones, es la presa de Orión y su perro, **Canis Major**. Es posible que el origen de su nombre radique en un mito de **Hermes**, el dios mensajero, quien ascendió a Lepus al cielo para conmemorar la velocidad y la agilidad de las liebres. También se dice que Lepus huye de **Corvus**, el cuervo, puesto que se oculta en el horizonte cuando este aparece.

La estrella más brillante de la constelación es **Arneb**, «liebre» en árabe. Arneb se encuentra en la última fase de su vida y se espera que se convierta en una **supernova**. Lepus también alberga un **cúmulo globular**, una inmensa agrupación esférica de estrellas, llamado **Messier 79**.

Beta Librae

ALIAS

Zubeneschamali

LIBRA la balanza

Libra es una constelación débil y de tamaño mediano. Es una de las doce constelaciones del zodiaco y está asociada al signo astrológico homónimo. Su nombre significa «balanza» y a menudo se representa con una balanza de cruz. En ocasiones, aparece como la pinza del escorpión **Escorpio**, y en la Antigüedad también se conocía esta constelación como «las garras del escorpión». El origen de su descubrimiento podría remontarse a tiempos babilónicos.

Se cree que una de las estrellas de Libra, una **enana roja** llamada **Gliese 581**, es el astro sobre el que orbita un **exoplaneta** potencialmente habitable. El nombre de la estrella más brillante de la constelación, **Zubeneschamali**, quiere decir «la garra del norte» en árabe, en referencia a la representación de Libra como parte de Escorpio.

ESTRELLA MÁS BRILLANTE

Alfa Lupi

LUPUS el lobo

Lupus es una constelación de tamaño mediano del cielo austral. Se cree que los babilonios ya la observaron y le atribuyeron una extraña bestia carnívora. Los antiguos griegos, en cambio, vieron a un animal siendo cazado por **Centauro** o sacrificado para él, dado que es, la constelación cercana (algunas veces, Centauro aparece cargando a Lupus ensartado en una estaca). La asociación específica de Lupus con los lobos no llegó hasta una traducción renacentista del *Almagesto* y, hoy en día, un lobo representa a esta constelación prácticamente siempre.

Su estrella más brillante, **Alfa Lupi**, es una de las estrellas más cercanas a nuestro sistema solar con posibilidades de generar una **supernova**. Se encuentra en su última fase vital, y terminará su existencia con una explosión.

LYRA la lira

La lira era un instrumento de cuerda popular en la Antigua Grecia. Suele decirse que esta constelación representa a la primera **lira**, fabricada por el dios **Hermes** con el caparazón de una tortuga. El nombre de su estrella más brillante, **Vega**, viene de la palabra «cayendo» en árabe, de «el águila cayendo», pues en algunas representaciones de la Antigüedad, las estrellas de Lira formaban un ave.

Además de la estrella brillante Vega (la quinta más brillante del cielo), Lira también contiene una estrella «doble doble» llamada **Epsilon Lyrae**. A simple vista, parece una estrella, pero si se observa con prismáticos, se distinguen con claridad sus dos componentes, que orbitan uno alrededor del otro. Si se incrementa el aumento, emerge un grado más de complejidad: ambos componentes pueden dividirse, a su vez, en pares de **estrellas binarias** que orbitan entre sí. De modo que, en total, Epsilon Lyrae está formada por dos conjuntos de estrellas binarias que orbitan entre sí, cuyos componentes orbitan también entre sí.

OPHIUCHUS

el portador de serpientes

ESTRELLA MÁS BRILLANTE

Alfa Ophiuchi

ALIAS

Rasalhague

El nombre de **Ofiuco** viene del griego antiguo y significa «portador de serpientes». A menudo, Ofiuco aparece con **Serpens**, la serpiente, enroscada a su alrededor o cargada sobre sus hombros. Algunas representaciones sugieren que Ofiuco está luchando contra la serpiente, mientras que otras cuentan que el animal le está transmitiendo secretos curativos.

Una pequeña parte de Ofiuco se solapa con la **eclíptica**, de modo que algunos astrónomos la consideran la decimotercera constelación del zodiaco.

Linda por ambos lados con las dos mitades de Serpens, la serpiente que porta Ofiuco.

El nombre de su estrella más brillante, **Rasalhague**, significa «la cabeza del portador de serpientes» en árabe.

ORION
el cazador

ESTRELLA MÁS BRILLANTE

Beta Orionis
ALIAS
Rigel

En razón de su tamaño y su brillo relativo, **Orión** es una de las constelaciones más fáciles de reconocer en el cielo. Debe su nombre al cazador de la mitología griega hijo de **Poseidón**, el dios del mar. Sus constelaciones colindantes, **Canis Major** y **Canis Minor**, suelen figurar como sus perros de caza. A menudo, el trío aparece representado cazando a **Lepus**, la liebre.

Justo debajo del cinturón de **Orión**, las tres estrellas que forman la cintura del cuerpo de reloj de arena de Orión, se encuentra la **nebulosa de Orión**. Es una de las más brillantes de nuestro firmamento y puede verse sin la ayuda de telescopio, incluso en algunos de los lugares con mayor contaminación lumínica. También conocida con el nombre de **Messier 42**, la nebulosa de Orión es uno de los objetos celestes más estudiados y muchos astrónomos y astrofísicos le deben buena parte de sus conocimientos sobre el funcionamiento del universo.

El nombre de la estrella más brillante, **Rigel**, quiere decir «el pie» o «la pierna» en árabe, en referencia a su ubicación en la constelación.

ESTRELLA MÁS BRILLANTE

Epsilon Pegasi

ALIAS

Enif

PEGASUS

el caballo alado

Pegaso, un caballo con enormes alas plumadas, hijo de **Medusa**, la gorgona con pelo de serpientes, y **Poseidón**, el dios del mar, fue una de las criaturas más emblemáticas de la mitología griega. En algunas historias, cargó al héroe **Perseo** en su lomo; en otras, ayudó a **Zeus** a transportar rayos. Se trata de la séptima constelación más grande del cielo y suele aparecer representada por la cabeza y las patas delanteras de un caballo. Hasta el siglo XX, cuando estandarizaron los límites de las constelaciones, algunos cartógrafos del cielo incorporaban estrellas de las constelaciones colindantes menores para que coincidieran con el trazado imaginario de las patas traseras de Pegaso.

El nombre de su estrella más brillante, **Enif**, significa «nariz» en árabe, pues en la mayoría de las representaciones, este astro está ubicado en la nariz de Pegaso. La extinción de Enif está prevista en los próximos millones de años.

PERSEUS el héroe

Bautizada así en alusión a **Perseo**, quien salvó a **Andrómeda** del monstruo marino **Ceto**. Es el lugar donde se localiza la lluvia de meteoros de las **Perseidas**, una de las más activas de nuestro cielo. Las **Perseidas** aparecen todos los años cuando la órbita de la Tierra coincide con un sendero de residuo espacial del cometa **Swift-Tuttle**. Durante este acontecimiento anual, los observadores han llegado a ver cientos de meteoros en cuestión de horas.

Además de rescatar a Andrómeda, Perseo también es famoso por haber decapitado a la gorgona **Medusa**, y por ser un antepasado del héroe **Hércules**.

El nombre de la estrella más brillante de la constelación, **Mirfak**, viene del árabe y significa «codo».

Eta Piscium

ALIAS

Alpherg

PISCES los peces

Piscis, palabra latina que significa «peces», es una de las doce constelaciones del zodiaco y está asociada al signo astrológico homónimo. Se representa con una pareja de peces, a menudo unidos por una cuerda, en alusión al mito griego en el que **Afrodita** y su hijo **Eros**, la diosa y el dios del amor respectivamente, se transformaron en peces para escapar juntos de un monstruo.

Eta Piscium, la estrella más brillante de la constelación, ya estaba relacionada con el agua en tiempos babilónicos, cuando recibía el nombre de **Kullat Nunu**, el cubo de peces.

ESTRELLA MÁS BRILLANTE

Alfa Piscis Austrini

ALIAS

Formalhaut

PISCIS AUSTRINUS
el pez austral

Piscis Austrinus es una constelación relativamente pequeña comparada con **Piscis**, la otra constelación de peces. Según algunas historias, representa al progenitor de los dos peces que aparecen en Piscis. Su nombre quiere decir «pez austral» en latín, y a veces recibe el apelativo de Piscis Australis. Pese a que se trata de una constelación más bien pequeña, las ilustraciones más antiguas suelen mostrarla como un pez fornido, con un aspecto algo bestial. Muchas veces, se representa a **Acuario** vertiendo el agua de su jarra sobre la cabeza o la boca de este pez del sur. La constelación se remonta a la sabiduría astronómica de los babilonios, los primeros en relacionarla con un pez.

El nombre de su estrella más brillante, **Fomalhaut**, significa en árabe «la boca del pez» o «la boca de la ballena».

ESTRELLA MÁS BRILLANTE

Gamma Sagittae

SAGITTA la flecha

Sagitta, la flecha, es una de las constelaciones más pequeñas del cielo, tan solo superada por **Equuleus** y **Crux**. Pese a ser una constelación relativamente débil, Sagitta existe desde la Antigüedad. El tiro con arco desempeñó un papel importante en las culturas ancestrales, pues constituía tanto una herramienta de defensa o de caza, como un deporte de recreo o de competición. Los reyes de diversas tradiciones, incluida la mitología griega, han sido descritos como arqueros.

Aunque el arquero de la constelación de **Sagitario** suele aparecer sosteniendo un arco y una flecha, en general no se le asocia con Sagitta, una flecha sin arquero que en las cartas celestes a menudo figura como un símbolo en sí misma.

La estrella más brillante de Sagitta es el **gigante rojo Gamma Sagittae**. Otra de sus estrellas, **Alfa Sagittae**, también recibe el nombre de Sham, la palabra árabe que significa «flecha».

SAGITTARIUS el arquero

ESTRELLA MÁS BRILLANTE

Epsilon Sagittarii

ALIAS

Kaus Australis

Sagitario es una de las doce constelaciones del zodiaco y está asociada al signo astrológico del mismo nombre. Está representada por un **centauro** armado de un arco y una flecha. Contiene, asimismo, un **asterismo** llamado la «Tetera». Como esta constelación se ve a continuación de la Vía Láctea, la Tetera suele representarse vertiendo la **Vía Láctea**.

Sagitario contiene muchas estrellas con **exoplanetas**. El nombre de su estrella más brillante, **Kaus Australis**, viene de las palabras «arco» en árabe y «austral» en latín, y suele figurar en el arco tensado.

ESTRELLA MÁS BRILLANTE

Alfa Scorpii

ALIAS

Antares

SCORPIUS

el escorpión

Escorpio es una de las doce constelaciones del zodiaco y está asociada al signo astrológico del mismo nombre. Se encuentra junto a la constelación de **Libra**, que a veces se representa como las pinzas de Escorpio. Sus orígenes se remontan a la observación astronómica de los babilonios, pero según la mitología griega, Escorpio es el escorpión al que se enfrentó y dio muerte **Orión**, el cazador.

Escorpio se encuentra sobre la **Vía Láctea**, por lo que alberga muchos cúmulos interesantes. Un ejemplo es el **Messier 7**, también conocido como el **cúmulo de Ptolomeo**, un cúmulo abierto bautizado en honor del mismo Claudio Ptolomeo.

La estrella más brillante de esta constelación, es **Antares**, cuyo nombre quiere decir «como Ares» en griego antiguo, puesto que se trata una **supergigante roja** que incluso a simple vista se percibe anaranjada. Debe su color ladrillo, que recuerda al de **Marte**, al hierro oxidado de su superficie.

SERPENS la serpiente

ESTRELLA MÁS BRILLANTE

Alfa Serpentis

ALIAS

Unukalhai

Serpens es la única constelación dividida en dos partes. **Serpens Caput**, la cabeza, yace al este de **Ofiuco**, el portador de serpientes, y **Serpens Cauda**, la cola, se extiende hacia el oeste. Con frecuencia, Ofiuco aparece representado con Serpens enroscada alrededor de su cuerpo, o bien cargando en sus brazos al animal. Esta constelación contiene la nebulosa **Roja Cuadrada**, una **nebulosa bipolar** con cuatro esquinas marcadas y facetas rectas. Se dice que es uno de los objetos del espacio profundo más simétricos que se han observado jamás.

El nombre de su estrella más brillante, **Unukalhai**, quiere decir «cuello de la serpiente» en árabe.

TAURUS el toro

ESTRELLA MÁS BRILLANTE

Alfa Tauri
ALIAS
Aldebarán

Tauro es una de las doce constelaciones zodiacales y está asociada al signo astrológico del mismo nombre. En los atlas celestes, el toro aparece representado de frente y solo se muestran las patas delanteras, el pecho y la cabeza. Tauro alberga dos cúmulos de **estrellas muy prominentes**: las **Pléyades** y las **Híades**.

Las Pléyades, también conocidas como las **Siete Hermanas**, son el cúmulo abierto más visible desde la Tierra sin ayuda de lente de aumento. En otro tiempo, estas siete estrellas fueron consideradas una constelación. Las Híades eran cinco hijas de **Atlas**, el titán de la mitología griega que cargó el mundo a sus espaldas, y eran hermanastras de las Pléyades, también hijas de Atlas. En la Antigüedad, los cúmulos de estrellas se usaban para examinar la capacidad visual: se decía que todo aquel que lograba distinguir las siete estrellas de las Pléyades (lo que no es fácil para alguien con una visión normal) tenía una vista excelente.

El nombre de la estrella más brillante de Tauro, **Aldebarán**, significa «seguir» en árabe, pues sale y se pone después de las Pléyades y las sigue a lo largo de su recorrido celeste.

TRIANGULUM
el triángulo

Triangulum, llamado así por el triángulo que forman sus tres estrellas más brillantes, es una de las constelaciones más pequeñas del firmamento. En la Antigüedad, los griegos también la llamaban «Deltoton», pues tenía la misma forma que la letra griega «delta». Es una de las dos constelaciones triangulares del cielo. **Triangulum Australe**, más moderna, se incorporó a las cartas celestes a finales del siglo XVI. **Johannes Hevelius**, un astrónomo del siglo XVII que dio nombre a muchas de las constelaciones en vigor hoy en día, intentó añadir su propia constelación triangular, «Triangulum Minus», pero sus sucesores la eliminaron de los atlas.

La constelación de Triangulum contiene el primer **cuásar** descubierto de la historia, así como la galaxia del Triángulo, una de nuestras vecinas del Grupo Local. Su estrella más brillante es **Beta Trianguli**. Tradicionalmente, otra de las estrellas más brillantes, **Alfa Trianguli**, se conocía con el nombre de **Mothallah**, que quiere decir «triángulo» en árabe.

ESTRELLA MÁS BRILLANTE

Epsilon Ursae Majoris

ALIAS

Alioth

URSA MAJOR la osa mayor

La **Osa Mayor** tiene un nombre de origen latino, es la tercera constelación más grande del cielo y una de las más brillantes. Es fácilmente reconocible por el Carro, su prominente **asterismo**, y es visible en el hemisferio norte casi todo el año. La Osa Mayor tiene una larga cola, formada por algunas de las estrellas más brillantes de la constelación, algo, en cierto modo, extraño, pues ningún oso sobre la Tierra tiene una cola de esas dimensiones. Pese a esa anomalía, esta constelación ha sido identificada con una osa durante miles de años por diferentes culturas y civilizaciones. Algunos historiadores sostienen que las primeras historias acerca de esta constelación podrían remontarse hasta la era paleolítica.

Dubhe y **Merak**, las dos estrellas brillantes de la constelación que forman la cara delantera del Carro, sirven para localizar a **Polaris**, la **Estrella del Norte**.

ESTRELLA MÁS BRILLANTE

Alfa Ursae Minoris

ALIAS

Polaris

URSA MINOR la osa menor

La **Osa Menor** parece una versión en miniatura del Carro, el asterismo que se encuentra en la cercana constelación de la **Osa Mayor**. Además, contiene la actual estrella polar del norte, **Polaris**, cuyo nombre viene del latín y significa «cerca del polo». Como es el astro que siempre apunta al norte, su ubicación en el firmamento le ha valido un variedad de nombres vulgares en diferentes culturas de todo el mundo, que a menudo hacen referencia a su posición aparentemente fija, como por ejemplo «el eje», «la **Estrella del Norte**», y «la estrella guía». Debido al movimiento de precesión, las estrellas polares cambian con el paso del tiempo. Polaris no ha sido siempre la Estrella del Norte y, aunque ahora lo sea, en unos cuantos siglos la precesión habrá modificado considerablemente nuestra percepción del cielo. Se prevé que hacia el año 3000, la estrella polar del norte será **Gamma Cephei**, en la constelación de **Cefeo**.

VIRGO

la virgen

Virgo es una de las doce constelaciones del zodiaco y está asociada al signo astrológico del mismo nombre. Es la segunda constelación más grande del cielo, después de **Hidra**, y significa «virgen» en latín. La representación más habitual de Virgo es **Deméter**, la diosa griega de la agricultura y la fertilidad.

Virgo contiene el **cúmulo de Virgo**, un conjunto de galaxias gravitacionalmente cohesionadas. Asimismo, da nombre al **supercúmulo de Virgo**, el conjunto de galaxias del que forma parte nuestra **Vía Láctea**.

En los atlas de estrellas, Virgo suele aparecer representada con una espiga de trigo o unas briznas de hierba en la mano. El nombre de su estrella más brillante, **Spica**, quiere decir «espiga» en latín. En realidad, Spica es un **sistema estelar binario**, pero sus dos componentes orbitan tan cerca que resulta difícil distinguirlos por separado, incluso con la ayuda de un telescopio.

las CONSTELACIONES MODERNAS

El sistema de constelaciones de Ptolomeo
estuvo en vigor mucho tiempo. Incluía la mayoría
de las estrellas más brillantes del cielo y gozó
del reconocimiento del mundo occidental durante muchos
siglos. No obstante, cuando los exploradores europeos
comenzaron a viajar al hemisferio sur y a cartografiar
los cielos con la ayuda de telescopios,
se hizo evidente que el sistema de Ptolomeo resultaba
insuficiente para la astronomía moderna,
pues había dejado demasiados huecos
en el firmamento.

Los exploradores y los astrónomos dibujaron nuevas cartas celestes, añadiendo nuevas constelaciones allí donde las veían. Al final, la creación de constelaciones se descontroló: existían demasiados mapas que proporcionaban informaciones complementarias, por lo que su utilización era confusa. La astronomía necesitaba un mapa oficial del firmamento para dirigir los estudios de los astrónomos y ayudar a los observadores de estrellas de todo el mundo, tanto profesionales como aficionados, a compartir sus observaciones del cielo de un modo eficaz.

Para satisfacer esa demanda, en 1930, un grupo llamado la Unión Astronómica Internacional elaboró una carta celeste oficial. Incluyeron las cuarenta y ocho constelaciones de Ptolomeo y dividieron una de ellas, **Argo Navis**, en tres partes: **Vela**, **Puppis** y **Carina**, para evitar que una constelación ocupase mucho más espacio de la bóveda celeste que las demás. Después, para cubrir las áreas del cielo que el sistema de Ptolomeo no ocupaba, la **UAI** añadió otras treinta y ocho constelaciones seleccionadas de las cartas de algunos astrónomos y navegantes como **Petrus Plancius**, **Johannes Hevelius**, el abad **Nicolas-Louis de Lacaille**, **Pieter Dirkszoon Keyser** y **Frederick de Houtman**. La UAI delimitó las fronteras alrededor de cada constelación y el mapa que resultó de aquellas divisiones se convirtió en el sistema oficial de constelaciones que seguimos utilizando hoy en día.

Las treinta y ocho constelaciones añadidas con posterioridad deben su nombre a los grandes intereses de los exploradores. Así, encontramos desde instrumentos científicos, hasta animales o elementos geográficos y hay, incluso, un personaje histórico.

HERRAMIENTAS, ARTES Y TECNOLOGÍA

Al abad Nicolas-Louis de Lacaille, un astrónomo francés del siglo XVII, le gustaba bautizar a las constelaciones con nombres de herramientas, artes e instrumentos tecnológicos, especialmente aquellos que resultaron más interesantes o novedosos durante la Ilustración. Trece de sus constelaciones siguen vigentes hoy en día.

ANTLIA

la máquina neumática

Una bomba neumática o un fuelle.

CAELUM

el buril

Como el que un escultor podría tener en su caja de herramientas.

CIRCINUS

el compás del dibujante

La herramienta para dibujar círculos y arcos.

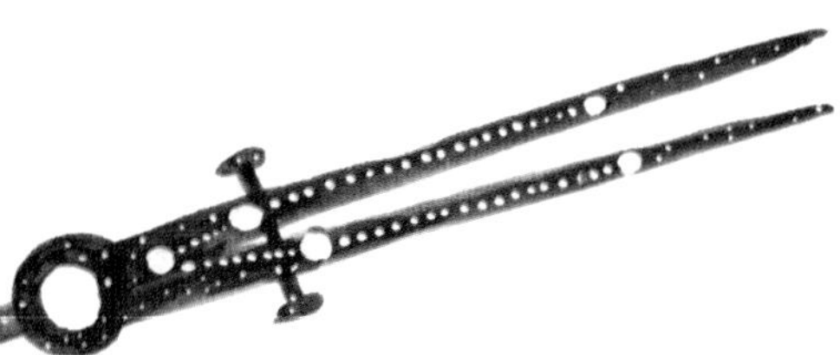

FORNAX
el horno

En concreto, un tipo de horno empleado en experimentos científicos.

HOROLOGIUM
el reloj

Un reloj de péndulo.

MICROSCOPIUM
el microscopio

El instrumento científico empleado para aumentar y estudiar las cosas demasiado pequeñas como para apreciarlas a simple vista.

NORMA
la escuadra

La herramienta de ángulo recto empleada en dibujo y carpintería.

OCTANS

el octante

La herramienta de navegación empleada para medir ángulos entre objetos.

PICTOR

el pintor

Generalmente representada con un caballete.

PYXIS

la brújula del navegante

Una herramienta imprescindible para todo aquel que surcase los mares con el fin de cartografiar los cielos.

RETICULUM

el retículo

El conjunto de delgadas líneas en la mira del telescopio.

SCULPTOR

el escultor

A menudo representado
con la mesa de trabajo
o el taller del escultor.

TELESCOPIUM

el telescopio

El instrumento científico
para aumentar
y estudiar objetos
muy distantes.

SEXTANS

el sextante

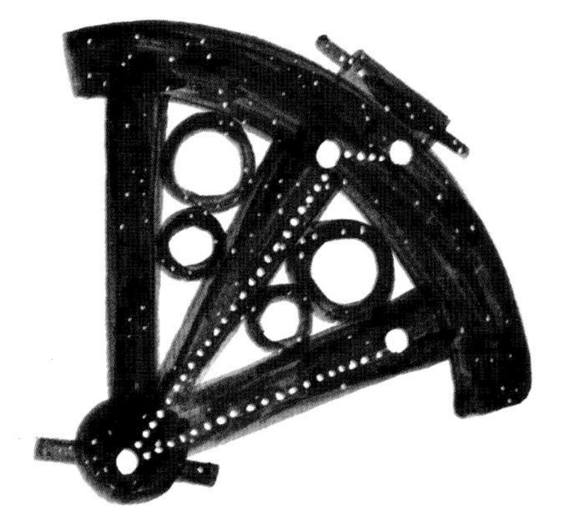

Johannes Hevelius también
bautizó una constelación
en honor a un objeto
tecnológico.
Sextans, el sextante,
debe su nombre a un
instrumento de navegación
(relacionado con el octante)
que el mismo Hevelius
quizá utilizó
para medir distancias
entre objetos
celestes.

ANIMALES Y CRIATURAS MÍTICAS

Ocho de las constelaciones modernas deben su nombre a animales y criaturas míticas. A medida que los exploradores recorrían el mundo y cartografiaban nuevas partes del cielo, se toparon con multitud de fauna desconocida para ellos. Aquellos animales inspiraron los nombres de las siguientes constelaciones.

APUS

el ave del paraíso

Bautizada en honor a las exuberantes aves plumadas de Oceanía.

CAMELOPARDALIS

la jirafa

A menudo, confundida con un camello. Camelopardalis es, en realidad, el nombre científico de una especie de jirafa.

CANES VENATICI

los perros de caza

Con frecuencia,
sujetos por una correa
que lleva Boötes, el personaje
de la constelación vecina.

CHAMAELEON

el camaleón

Suele aparecer desenrollando
su lengua para atrapar
a su constelación vecina,
Musca, la mosca.

COLUMBA
la paloma

Nombrada en referencia a la paloma bíblica que llevó el mensaje del final del diluvio universal.

DORADO
el pez dorado

Representada como un delfín, un pez espada o un pez dorado.

GRUS
la grulla

En alguna ocasión, representada como un flamenco o una garza.

HYDRUS
la hidra macho

No debe confundirse con Hidra, la constelación clasificada por Ptolomeo, representada por una hidra hembra (culebra de agua).

LACERTA
el lagarto

A veces llamada
«la pequeña Casiopea»,
porque sus estrellas
más brillantes
forman una W parecida
a la de Casiopea.

LEO MINOR
el león menor

Nombrado en referencia
a su constelación
vecina, Leo.

LYNX
el lince

Hevelius solía realizar sus
observaciones astronómicas
a simple vista, sin usar
telescopio.
Se cree que bautizó a esta
constelación en honor
a su propio alcance visual:
la constelación de Lynx
es bastante débil
y estos animales
son famosos por tener
una vista privilegiada.

MONOCEROS
el unicornio

Llamado así
por la criatura mítica
con cuerpo de caballo
y un cuerno en mitad
de la frente.

PAVO
el pavo real

En referencia a los hermosos
pavos reales verdes
del sudeste asiático.

MUSCA
la mosca austral

A menudo aparece siendo
devorada por una de sus
constelaciones vecinas,
Chamaeleon.

PHOENIX

el fénix

Por la mítica ave
que vivió durante siglos,
y una vez muerta,
renació a partir
de sus propias cenizas.

TUCANA

el tucán

En honor al ave tropical
de colores vivos
y pico grande.

VOLANS

el pez volador

Bautizado como la especie
de peces, cuyas aletas
parecen alas y que son capaces
de salir fuera del agua
y planear por encima
de la superficie.

VULPECULA

la zorra menor

En ocasiones representada
cargando un ganso muerto
en la boca.

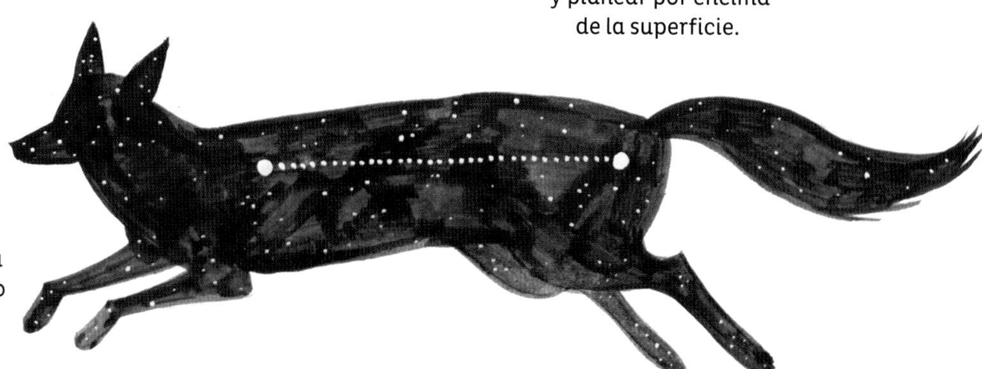

OTRAS CONSTELACIONES MODERNAS

Las constelaciones restantes deben su nombre a personas, lugares y formas abstractas, entre otras.

COMA BERENICES

la cabellera de Berenice

La nube de estrellas que forma Coma Berenices ya se observó en tiempos antiguos. De hecho, Ptolomeo se refirió a estas estrellas como «la mata de pelo al final de la cola de Leo». Es la única constelación nombrada en honor a una persona real: Berenice II, la reina egipcia que cortó su larga melena y la dejó en un templo como ofrenda a los dioses. Según la leyenda, cuando el pelo desapareció días después, la gente afirmó que la cabellera había ascendido al cielo y se había convertido en estrellas para celebrar el acto de devoción de la reina.

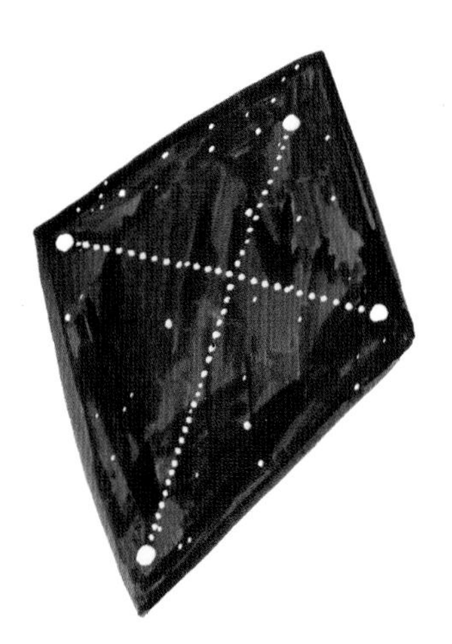

CRUX

la Cruz del Sur

Las cuatro estrellas de la Cruz del Sur son muy brillantes, de modo que esta constelación es fácil de ubicar desde el hemisferio sur. Los antiguos griegos llegaron a verla, e incluso a documentar su existencia, pero pensaron que formaba parte de la constelación de Centauro.

INDUS
el indio

Un nombre de constelación políticamente incorrecto, escogido hace cientos de años. Si hay una constelación que merece un nuevo nombre, es esta.

MENSA
la mesa

En referencia a la Table Mountain, un monte de cumbre plana cercano al observatorio de Lacaille en el cabo de Buena Esperanza, en Sudáfrica.

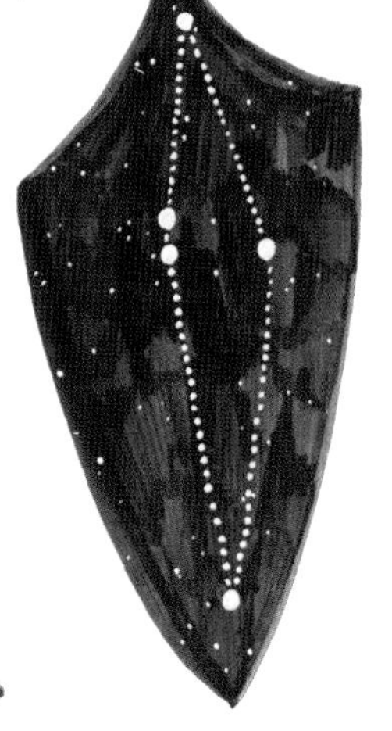

SCUTUM
el escudo

Bautizada por Hevelius y en un principio asociada a una batalla concreta. Ahora se representa con un escudo genérico.

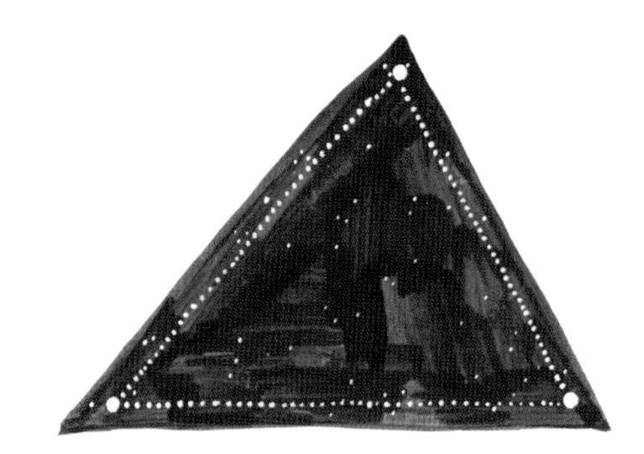

TRIANGULUM AUSTRALE
el triángulo austral

No debe confundirse con Triangulum, otra pequeña constelación situada en el cielo del norte. Ocupa el octogésimo tercer puesto en tamaño, de un total de ochenta y ocho.

LA VÍA LÁCTEA

Algunas culturas observaron «constelaciones oscuras» en las partes sombrías de la Vía Láctea: figuras definidas por las nubes oscuras de esa zona del cielo a las que también atribuyeron mitos y leyendas, como a las constelaciones de estrellas. Los aborígenes australianos reconocen una constelación oscura llamada Emu, cuya cabeza está definida por una nebulosa oscura a lo largo de la Vía Láctea.

la VÍA LÁCTEA

La **Vía Láctea**, una extensa franja de luz que resplandece débilmente y se extiende por nuestro cielo, es la galaxia que alberga nuestro sistema solar. A lo largo de los tiempos, ha recibido diversos nombres y ha protagonizado numerosos mitos. Algunos se siguen contando hoy en día, otros se recuerdan como parte de la sabiduría popular y otros han caído en el olvido.

Su nombre actual viene directamente del latín *Via Lactea*. Los griegos la llamaban *galaxias*, que significaba «lácteo» y que, a su vez, es el origen de la palabra «galaxia».

La mayoría de las galaxias pueden clasificarse en tres categorías en función de su forma: espirales, elípticas o irregulares. La Vía Láctea es una galaxia espiral, cuyo diámetro se estima en unos cien mil años luz. Contiene más de cien mil millones de estrellas, según estimaciones recientes. El Sol se encuentra cerca del límite de la galaxia, alejado del centro. Como nosotros la vemos desde dentro de la espiral, el resto de la galaxia nos parece una franja de luz y estrellas de nuestro cielo nocturno.

La Vía Láctea se distingue mejor cuando la contaminación lumínica es baja. Teniendo en cuenta que se trata de una polución más bien reciente (la Luna llena puede causar cierta contaminación lumínica, pero el principal culpable es el exceso de luz artificial), puede decirse que nuestros antepasados disfrutaron de una mejor observación de la Vía Láctea. Prácticamente todas las culturas otorgaron un nombre y una historia a nuestra galaxia. Estos son solo algunos de ellos.

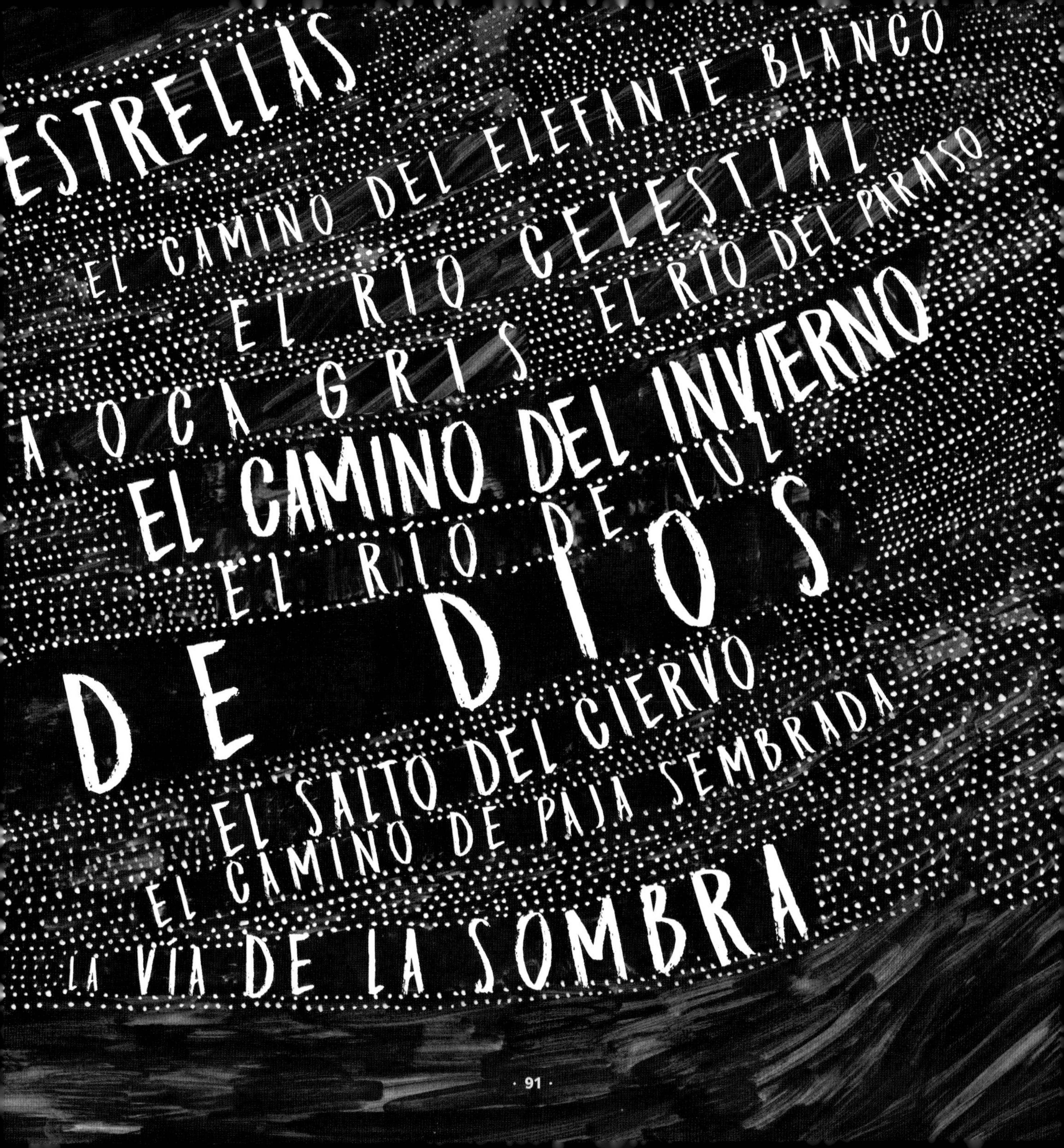

ESTRELLAS

EL CAMINO DEL ELEFANTE BLANCO

EL RÍO CELESTIAL

EL RÍO DEL PARAÍSO

A OCA GRIS

EL CAMINO DEL INVIERNO

EL RÍO DE LUZ

DE DIOS

EL SALTO DEL CIERVO

EL CAMINO DE PAJA SEMBRADA

LA VÍA DE LA SOMBRA

LA LUNA

las FASES de la LUNA

En todo momento, la mitad de la esfera terrestre está iluminada por el Sol mientras que la otra mitad se encuentra sumida en la oscuridad. Es lo que marca nuestros días y nuestras noches. Asimismo, siempre hay una mitad de la esfera de la Luna iluminada por el Sol. Puesto que la Luna tarda un mes en completar una vuelta alrededor de la Tierra, la porción visible de cara iluminada varía según el momento. Conocemos a estas diversas vistas de las porciones iluminadas con el nombre de **fases** lunares.

Cuando la Luna parece aumentar de tamaño, hablamos de luna **creciente** y cuando parece encoger, decimos que está **menguante**. Una Luna completamente iluminada se llama **luna llena**, y una completamente oscurecida, **luna nueva**.

Todos los objetos que orbitan alrededor del Sol atraviesan las mismas fases que la Luna. Por ejemplo, si observáramos la Tierra desde una posición estratégica de la Luna, también la veríamos pasar por estas fases, pero la secuencia ocurriría en el sentido contrario. Con ayuda de aumento, es posible ver cómo Venus y Mercurio, cuyas órbitas están entre la Tierra y el Sol, cambian siguiendo estos mismos pasos.

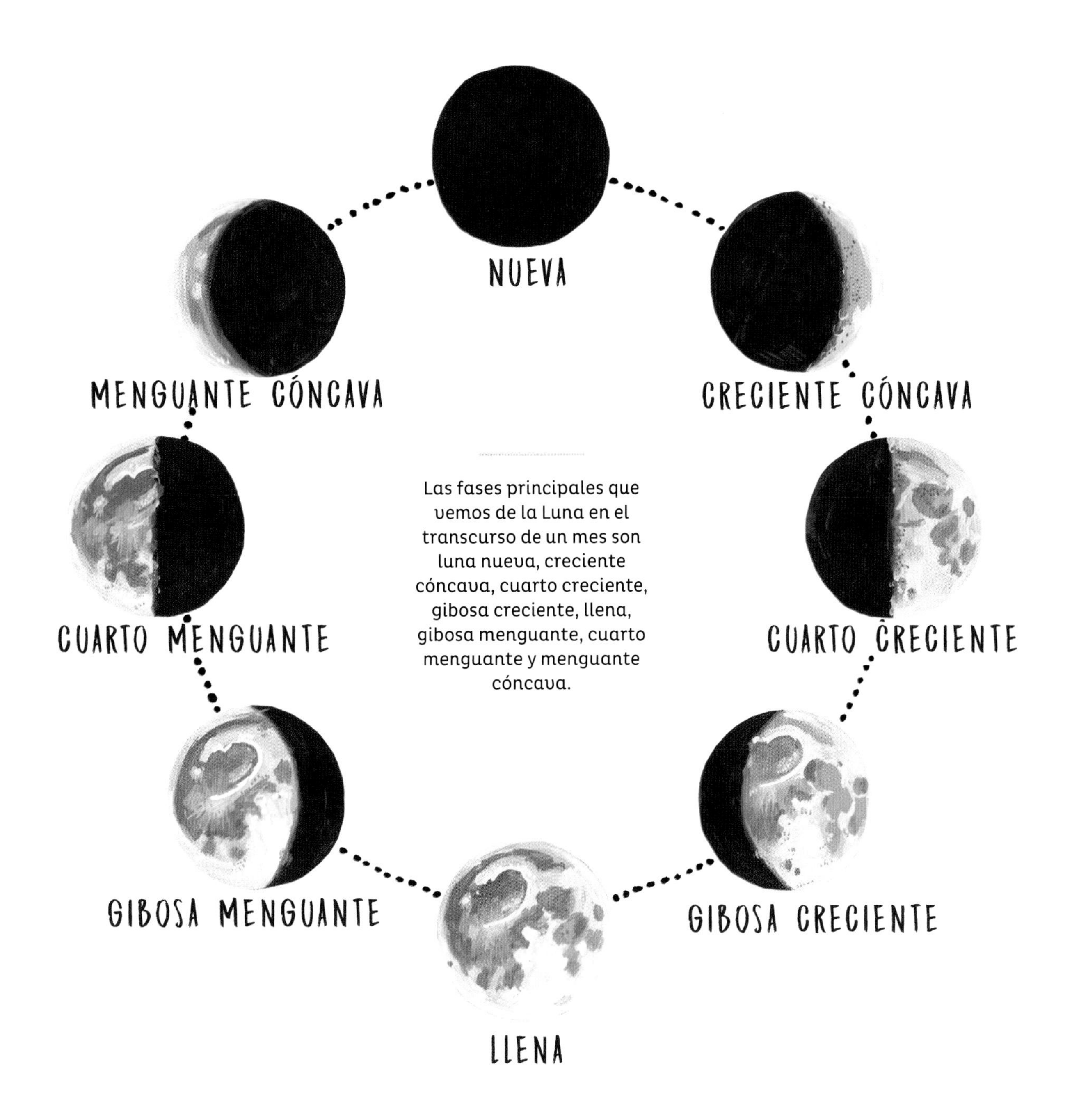

Las fases principales que vemos de la Luna en el transcurso de un mes son luna nueva, creciente cóncava, cuarto creciente, gibosa creciente, llena, gibosa menguante, cuarto menguante y menguante cóncava.

La Luna tarda unos veintinueve días y medio (casi un mes) en pasar por todas sus fases, de luna nueva a luna nueva.

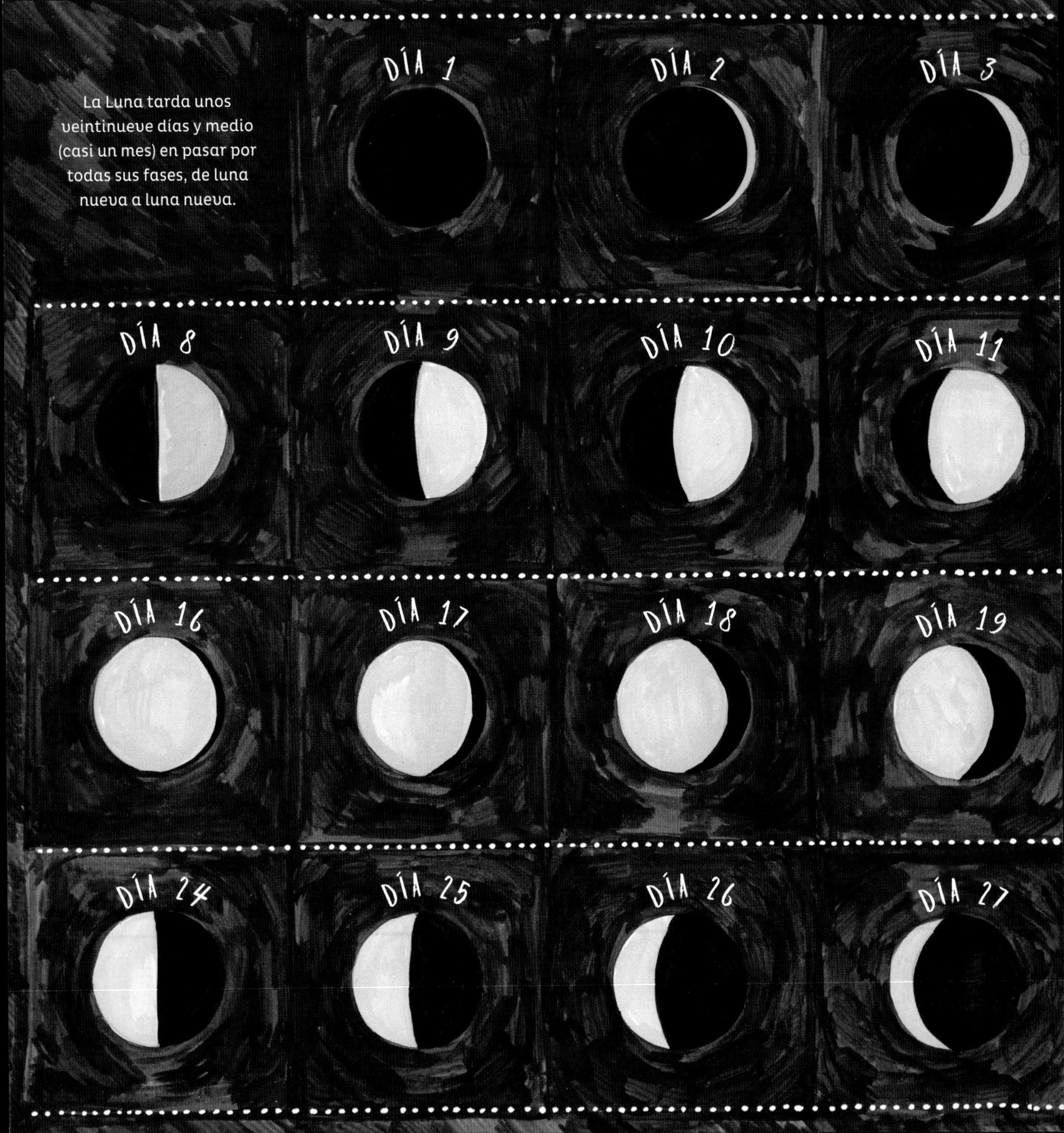

DÍA 1

DÍA 2

DÍA 3

DÍA 8

DÍA 9

DÍA 10

DÍA 11

DÍA 16

DÍA 17

DÍA 18

DÍA 19

DÍA 24

DÍA 25

DÍA 26

DÍA 27

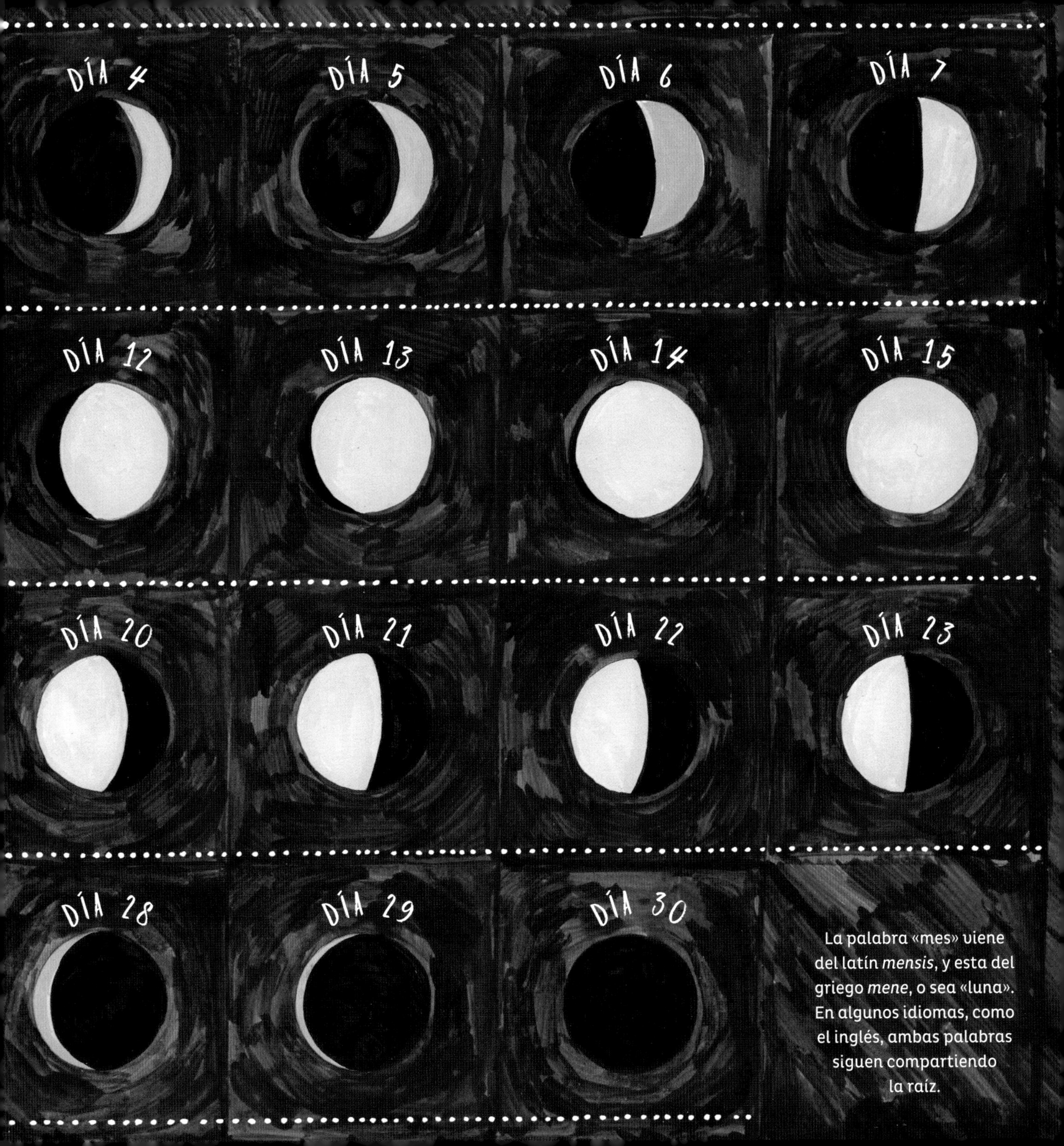

La palabra «mes» viene del latín *mensis*, y esta del griego *mene*, o sea «luna». En algunos idiomas, como el inglés, ambas palabras siguen compartiendo la raíz.

DIÁMETRO ANGULAR

El término **diámetro angular** hace referencia al tamaño aparente de un objeto astronómico observado desde la Tierra. El diámetro de la Luna ha sido estimado en 3.474 km y el del Sol en 1.391,4 millones de kilómetros, unas cuatro veces más grande que el de nuestro satélite.

Pero resulta que el Sol está unas cuatrocientas veces más lejos de la Tierra que la Luna, y por eso, en nuestro cielo, el tamaño aparente de uno y de otro es prácticamente igual. A lo largo de la historia, muchos de los modelos que explicaban el cielo nocturno les han concedido la misma importancia. Cuando la mayoría de la gente aún creía que la Tierra se hallaba en el centro del universo, no existían razones para creer que el Sol y la Luna estaban a distancias diferentes de nuestro planeta. Si ambos se encontraban igual de lejos y parecían ocupar la misma superficie en el cielo, podía deducirse que de cerca también tendrían el mismo tamaño.

En realidad, el Sol es inmenso si lo comparamos con la Luna; por ende, su impacto sobre la Tierra es también enorme: constituye la primera fuente de energía de nuestro planeta y sin él la vida no podría haber surgido. Sin embargo, la otra esfera de nuestro cielo, nuestro satélite, también ejerce una influencia fundamental para la vida en la Tierra.

ACOPLAMIENTO DE MAREAS

Puede que ya sepas que la Luna provoca las mareas: la subida y la bajada de los niveles de superficie en grandes masas de agua. Esto se debe a que la Luna y la Tierra están acopladas por la **fuerza de marea**.

La causa de este acoplamiento es que el **período orbital** sinódico de la Luna (es decir, el tiempo que tarda en completar una vuelta alrededor de la Tierra) coincide con su **período rotacional** (el tiempo necesario para dar un giro alrededor de su propio eje), ambos duran unos veintisiete días. Pero la Luna no siempre ha estado acoplada a la Tierra; se trata de un efecto que se ha ido desarrollando con el paso del tiempo. La mayoría de los grandes satélites de nuestro sistema solar experimentan algo similar con respecto a los cuerpos alrededor de los cuales orbitan. Hay algunos, incluso, que pueden experimentar un acoplamiento de **marea** recíproco. Plutón y su satélite Caronte, por ejemplo, están recíprocamente acoplados. Así, ambos cuerpos celestes se muestran siempre la misma cara a medida que el satélite orbita en torno al planeta enano.

Las mareas, las subidas y bajadas periódicas del nivel del mar en la Tierra, suceden por el efecto de la gravedad de la Luna sobre la Tierra cuando esta gira a nuestro alrededor. La fuerza gravitacional de la Luna en la Tierra genera una **fuerza de marea** que provoca que la superficie del planeta aumente moderadamente. Esta alteración resultante de la fuerza de marea es evidente en las caras de la Tierra que se encuentran exactamente alineadas con la Luna.

MÁS FENÓMENOS

LA CARA OCULTA DE LA LUNA

Debido al acoplamiento de marea que existe entre la Tierra y su satélite, nunca vemos la cara oculta de la Luna, que en inglés también se conoce como el «lado oscuro».

En realidad, el apelativo inglés no resulta muy apropiado, puesto que la cara oculta recibe la misma luz del sol que la cara visible, por lo que solo es oscura desde nuestro punto de vista. Los humanos no pudimos ver la otra cara hasta que la sonda espacial soviética *Luna 3* realizó la primera fotografía en 1959.

LUZ CENICIENTA

En ocasiones, durante los días próximos a la luna nueva, las posiciones relativas de la Tierra, la Luna y el Sol hacen posible un fenómeno especial llamado «luz cenicienta o luz ceniza». En los momentos que preceden y siguen a la luna nueva, la parte de la Luna que normalmente estaría oscura está tenuemente bañada por la luz del sol, que rebota sobre la Tierra y se refleja sobre la Luna.

LUNARES

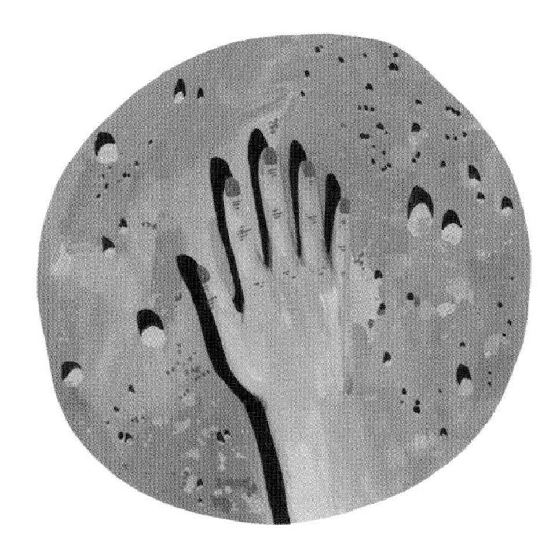

SOMBRAS OSCURAS

Las sombras proyectadas en la Luna son increíblemente oscuras, muchísimo más que las proyectadas sobre la Tierra.

La atmósfera de la Tierra provoca la difracción de la luz, que se expande en sombras. Así, aunque las sombras sean más oscuras que lo que las rodea, nunca llegan a ser oscuras del todo.

Sin embargo, como la Luna carece de atmósfera, no hay aire que provoque que la luz se refracte en sombras, por lo que estas son casi negras. Esta fue una de las primeras cosas que observó el astronauta estadounidense Neil Armstrong cuando dio los primeros pasos sobre la Luna en 1969.

la ILUSIÓN LUNAR

Cuando la Luna asoma por el horizonte nos parece más grande que cuando asciende en el cielo. Es el resultado de un efecto óptico llamado «ilusión lunar». En realidad, el diámetro angular no varía cuando la Luna sale o se oculta: su tamaño es siempre equivalente al de un guisante observado a un brazo de distancia. La ilusión tiene lugar al comparar la Luna con su contexto en el horizonte, y después, con su contexto una vez arriba en el firmamento.

MARIA
los mares de la Luna

Esas zonas oscuras y extensas que conforman las cuencas bajas de la Luna son los **mares lunares**, un nombre que los astrónomos otorgaron equivocadamente, al confundir estas planicies con masas de agua. Calificaron de «mares» a la mayoría, pero también distinguieron un océano, unos cuantos lagos, bahías y pantanos.

Hoy en día, sabemos a ciencia cierta que esas zonas oscuras de la Luna no son masas de agua, sino planicies basálticas formadas probablemente por la lava que en otro tiempo inundó las cuencas bajas de la superficie lunar.

Las tierras altas de la Luna, de un color más claro, son los abruptos cráteres fruto de miles de millones de años de bombardeos de asteroides y cometas. No obstante, las denominaciones asociadas a esos rasgos geológicos presuntamente acuáticos siguen siendo de aplicación hoy en día.

Muchos mares llevan por nombre estados psíquicos del ser humano. Parece que sentimos por los objetos celestes tanta admiración como miedo y, en cierto modo, resulta lógico que algunos de los nombres de los mares lunares hagan alusión a determinados aspectos de nuestras experiencias emocionales. Así, por ejemplo, tenemos el lago de la Felicidad, pero también el del Dolor; existe el mar de la Serenidad y el pantano de la Podredumbre.

TIERRAS ALTAS

CUENCAS BAJAS

MARIA (MARES LUNARES)

Mar de la Serpiente · Mar Austral ·
Mar Conocido · Mar de las Crisis ·
Mar de la Fertilidad · Mar del Frío · Mar de Alexander von Humboldt · Mar de la Humedad · Mar de la Lluvia ·
Mar del Ingenio · Mar de las Islas · Mar Marginal · Mar de Moscovia · Mar del Néctar ·
Mar de las Nubes · Mar Oriental · Mar de la Serenidad · Mar de William Henry Smyth · Mar Espumoso ·
Mar de la Tranquilidad · Mar de las Olas · Mar de los Vapores · Océano de las Tormentas ·

PALUDES (PANTANOS LUNARES)

Pantano de las Epidemias · Pantano de la Podredumbre
Pantano del Sueño

MAR del FRÍO
MAR de ALEXANDER VON HUMBOLDT
LAGO de los SUEÑOS
MAR de la SERPIENTE
MAR MARGINAL
MAR de las OLAS
MAR de las CRISIS
MAR ESPUMOSO
MAR de WILLIAM HENRY SMYTH
MAR de la LLUVIA
MAR de la SERENIDAD
MAR de la TRANQUILIDAD
MAR de los VAPORES
MAR de la FERTILIDAD
OCÉANO de las TORMENTAS
MAR de las ISLAS
MAR del NÉCTAR
MAR CONOCIDO
MAR de las NUBES
MAR del SUR
MAR ORIENTAL
MAR de la HUMEDAD

SINUS (BAHÍAS LUNARES)

Bahía Ardiente · Bahía del Amor · Bahía de la Aspereza
Bahía de la Concordia · Bahía de la Fidelidad · Bahía del Honor · Bahía del Arco Iris
Bahía del Lunik · Bahía del Medio · Bahía del Rocío · Bahía del Éxito

LACUS (LAGOS LUNARES)

Lago del Verano · Lago del Otoño · Lago de la Bondad · Lago del Dolor
Lago de la Excelencia · Lago de la Felicidad · Lago del Gozo · Lago del Invierno
Lago de la Blandura · Lago de la Lujuria · Lago de la Muerte · Lago del Olvido
Lago del Odio · Lago de la Perseverancia · Lago de la Soledad · Lago de los Sueños
Lago de la Esperanza · Lago del Tiempo · Lago del Miedo
Lago de la Primavera

NOMBRES DE LA LUNA LLENA

Los pueblos algonquinos de Norteamérica tenían distintas palabras para nombrar la luna llena según el momento del año.

Los granjeros colonos norteamericanos incorporaron esos apelativos y hoy en día se siguen usando para describir el período del año.

Cuando en un mes del calendario gregoriano se dan dos lunas llenas, la segunda se conoce popularmente con el nombre de **luna azul.** Cuando dos lunas nuevas coinciden en el mismo mes, la segunda se llama **luna oscura**.

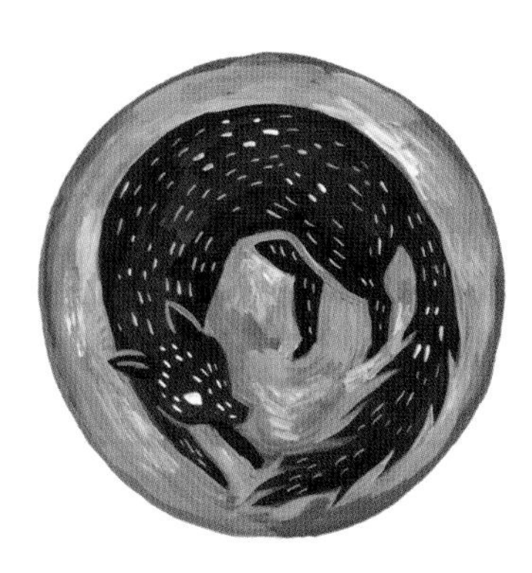

Enero es la Luna del Lobo

Febrero es la Luna de Nieve

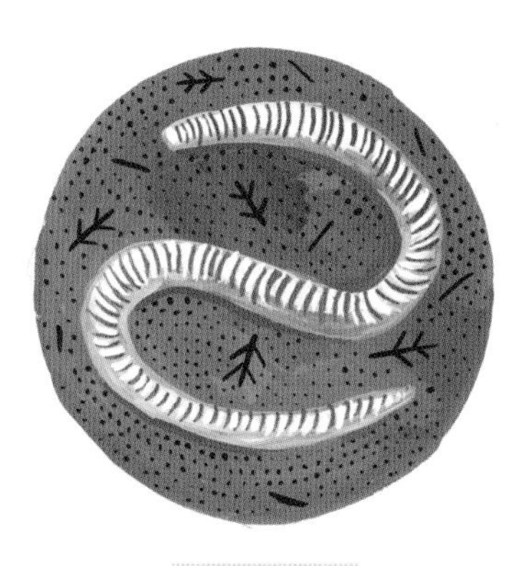

Marzo es la Luna de la Lombriz

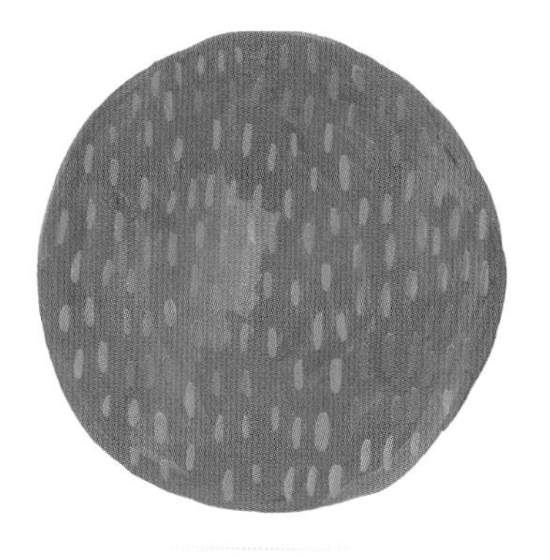

Abril es la Luna Rosa

Mayo es la Luna de las Flores

Junio es la Luna de las Fresas

Julio es la Luna del Ciervo

Agosto es la Luna del Esturión

Septiembre es la Luna del Maíz

Octubre es la Luna del Cazador

Noviembre es la Luna del Castor

Diciembre es la Luna Fría

EL SOL

LA LUZ SOLAR es LUZ ESTELAR

Durante siglos, los humanos estuvimos convencidos
de que nuestro Sol era un tipo de cuerpo diferente
a las estrellas que observábamos en el firmamento.
Y tiene sentido; después de todo, nos parece más grande,
llegamos a sentir su calor, y emite un brillo tan potente
que rige nuestros días y nuestras noches.
Pero ahora sabemos que nuestro Sol es una estrella más,
y su luz es blanca, como la de todas las estrellas.
Y debemos agradecerle la vida en la Tierra.

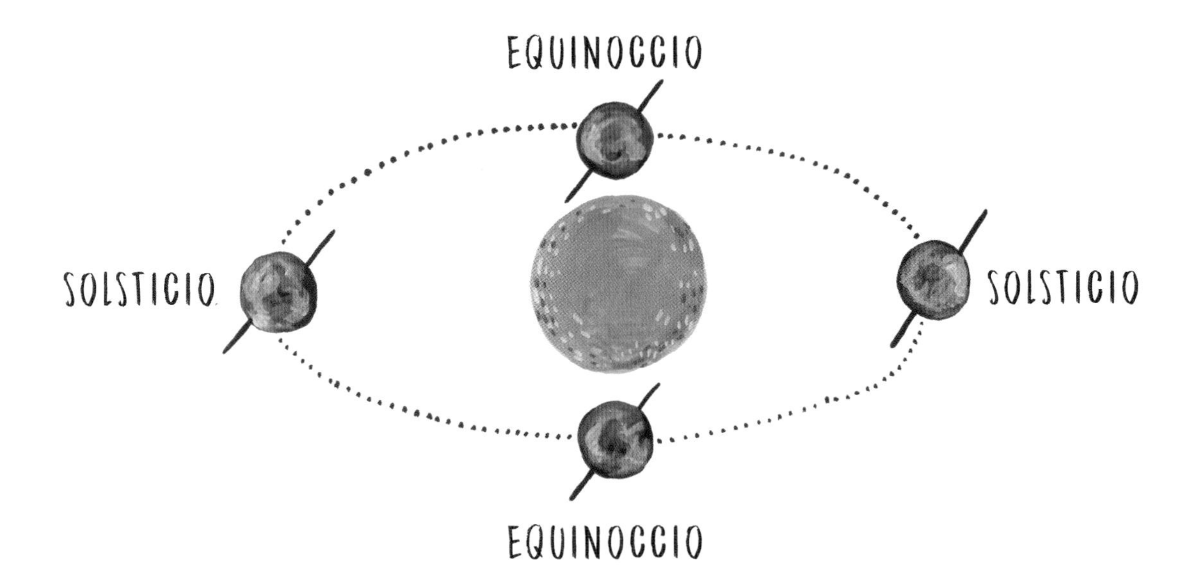

Hemos constatado que el eje terrestre está ligeramente inclinado con respecto al de su órbita alrededor del Sol. Es la razón de que tengamos estaciones. El invierno es la época en que nuestro hemisferio recibe menos rayos de sol, y el verano, la que más. Por eso, cuando es invierno en el hemisferio norte, es verano en el hemisferio sur, y viceversa.

Dos veces al año, el día y la noche tienen aproximadamente la misma duración en todos los lugares de la Tierra. Estos momentos se llaman **equinoccios**. Ambos hemisferios tienen su equinoccio de primavera (que da paso al verano) y de otoño (que da paso al invierno). El término «equinoccio» viene de la expresión latina *aequus nocte*, que quiere decir «noche igual».

Asimismo, otras dos veces al año, la inclinación de la Tierra la sitúa en su posición más cercana y más lejana con respecto al Sol. Estos fenómenos se conocen como **solsticios**, un término que también viene del latín y que significa «sol quieto». Este se debe al hecho de que el Sol, al haber alcanzado su punto más alto o más bajo en el cielo, parece quedarse quieto, y después, cambiar de dirección durante el siguiente cuarto de año, hasta el equinoccio próximo. Durante el solsticio de invierno, el hemisferio afectado recibe menos luz y más oscuridad que en ningún otro momento del año (o sea, el día más corto y la noche más larga del año). El solsticio de verano, en cambio, es el momento del año en que ese mismo hemisferio recibe más luz y menos oscuridad (es decir, el día más largo y la noche más corta del año).

ECLIPSES LUNARES

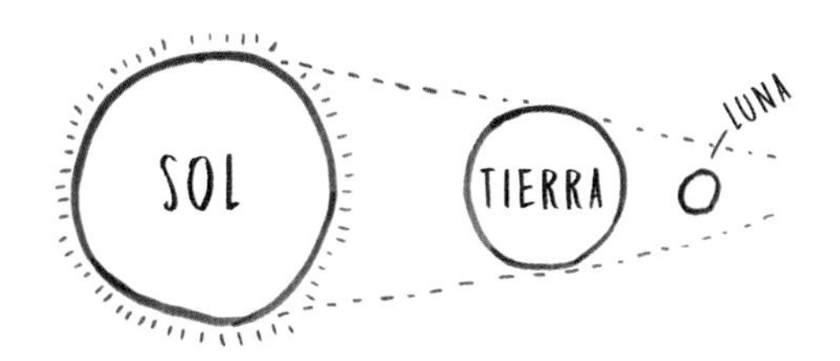

Los eclipses ocurren cuando la Tierra, la Luna y el Sol se alinean perfectamente en el cielo.

Un eclipse lunar se produce cuando la Tierra se encuentra entre el Sol y la Luna, lo que nos permite ver la sombra de nuestro planeta proyectada sobre nuestro satélite. Un eclipse solar, en cambio, tiene lugar cuando la Luna está entre la Tierra y el Sol, y podemos observar la silueta de nuestro satélite desplazándose por el disco del Sol.

Puesto que los eclipses de Luna solo suceden cuando la Tierra está entre la Luna y el Sol, coinciden siempre con la Luna llena, y se dan únicamente cuando la alineación es idónea para que la proyección de la sombra de la Tierra sea visible sobre la Luna. En general, se producen varios eclipses lunares al año y pueden observarse desde cualquier parte de nuestro planeta (siempre y cuando sea de noche). La sombra que la Tierra proyecta sobre la Luna suele tener tintes rojizos, particularmente durante los eclipses lunares totales, también conocidos como «lunas de sangre».

TIPOS DE ECLIPSES LUNARES

ECLIPSE PARCIAL
Cuando el disco lunar está parcialmente cubierto por la sombra de la Tierra.

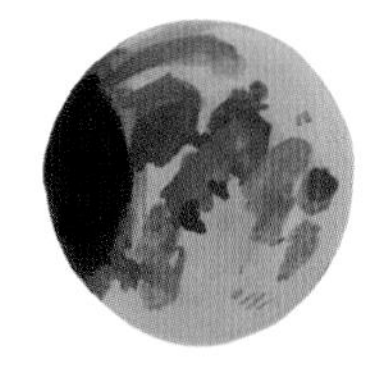

ECLIPSE TOTAL
Cuando el disco lunar queda totalmente cubierto por la sombra de la Tierra.

ECLIPSE PENUMBRAL
Cuando el disco lunar está cubierto por la región penumbral de la sombra de la Tierra.

ECLIPSES SOLARES

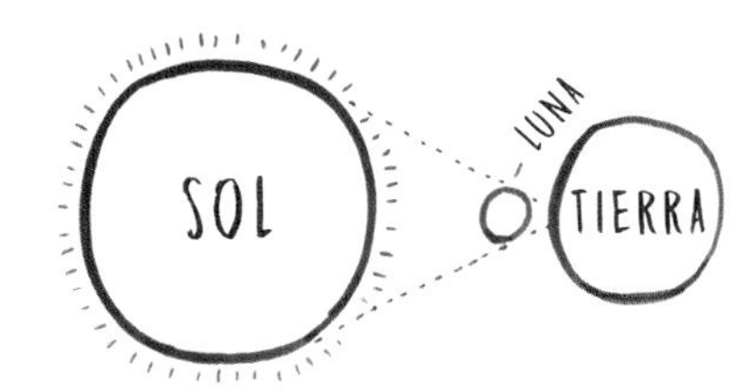

También se producen varios eclipses solares al año, aunque no son tan fáciles de ver como los lunares.

Los eclipses solares, tan solo son visibles desde lugares situados en una franja concreta de la Tierra. Además, observarlos puede resultar peligroso: si miramos directamente un eclipse solar estamos mirando al Sol por lo que se debe llevar protección adecuada para la vista.

Como sin duda imaginarás, los eclipses fueron una gran fuente de misterio para nuestros antepasados, quienes creían que la Tierra era plana y se hallaba en el centro del universo. Existía una infinidad de cuentos que pretendían dar explicación a los eclipses. Además, al igual que otros fenómenos celestiales, solían interpretarse como malos presagios. En la Antigua Grecia, las personas que practicaban brujería afirmaban ser las responsables de los eclipses lunares y presumían de tener la capacidad de sacar a la Luna del cielo. En la Antigua China, se decía que los eclipses solares ocurrían cuando un dragón mordía un pedazo de Sol.

TIPOS DE ECLIPSES SOLARES

ECLIPSE PARCIAL

Cuando el disco solar está parcialmente tapado por la Luna.

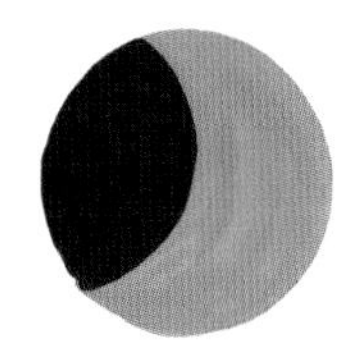

ECLIPSE TOTAL

Cuando el disco solar está completamente cubierto por la Luna y un fino halo de luz solar se ve alrededor de la Luna.

ECLIPSE ANULAR

Cuando la Luna se encuentra en la posición más alejada de la Tierra durante un eclipse Lunar, su disco no cubre toda la superficie del Sol y se ve un anillo del Sol rodeando la Luna.

las AURORAS

La Tierra está protegida por un campo magnético llamado **magnetosfera**, que actúa entre los polos y hacia el exterior. Esta capa, también conocida como **campo geomagnético**, tiene un polo norte y un polo sur, que no coinciden con los **polos geográficos**. Mientras estos últimos no se alteran con el paso del tiempo, los polos geomagnéticos se desplazan. En la actualidad, el campo geomagnético está inclinado unos diez grados con respecto al eje de la Tierra.

Nuestro campo magnético es responsable en buena medida de que la vida en la Tierra sea posible. Básicamente, nos sirve de escudo contra el **viento solar**, una agresiva corriente de partículas que se desprenden del Sol y circulan por el sistema solar. La magnetosfera desvía el viento solar, protegiéndonos así de sus nefastas consecuencias. Cuando el viento solar es especialmente fuerte, provoca alteraciones en la magnetosfera de la Tierra que, en ocasiones, pueden observarse en forma de **auroras**.

Las auroras suelen ocurrir cerca de los polos geomagnéticos. La ubicación geográfica de los puntos donde las auroras son visibles ha cambiado con el tiempo, de acuerdo con la variación del eje de los polos geomagnéticos. Cuando la aurora ocurre cerca del polo norte geográfico, hablamos de **aurora boreal**, y cuando se produce cerca del polo sur, de **aurora austral**.

Desafortunadamente, resulta complicado predecir el viento solar, de modo que no es fácil saber cuándo

se producirá una aurora. Si además tenemos en cuenta que estos fenómenos solo son observables desde lugares relativamente remotos, no cabe duda de que es muy difícil presenciar uno de estos eventos astronómicos.

Las manifestaciones de las auroras son variadas y sobrecogedoras. Estas pueden ser completamente blancas o multicolores, con tonos que oscilan desde intensos verdes hasta rosas, morados o azules. Algunas veces aparecen como un tenue destello en el horizonte, pero otras, pueden desplegarse sobre toda la bóveda celeste, emergiendo repentinamente desde cualquier parte. Pueden durar desde un par de minutos hasta unas cuantas horas.

Dado su carácter cautivador e impredecible, no es de extrañar que los humanos les hayan atribuido explicaciones mágicas. Para muchas culturas ancestrales, las auroras eran una señal de mal agüero. Había pueblos que creían que aquel colorido resplandor eran los espíritus de los muertos, de regreso a la Tierra para visitar a sus familias. Ciertas tradiciones aborígenes australianas pensaban que eran hogueras prendidas en el mundo de los espíritus. Para otras culturas, las auroras eran los dioses, que vigilaban a la humanidad desde los cielos.

LOS PLANETAS

«ESTRELLAS ERRANTES»

Los primeros observadores del cielo nocturno
se percataron de que no todos los puntos luminosos
se comportaban del mismo modo. Algunos sobresalían:
las estrellas errantes que viajaban por el cielo siguiendo
un camino completamente diferente y que resplandecían
con más brillo que el resto. Algunos, incluso,
parecían viajar en una dirección, después invertirla
y a continuación reanudar su trayectoria original.

Los antiguos griegos bautizaron a estos astros inadaptados con el nombre de *planes aster*, «astros errantes», lo que derivó en el nombre con el que hoy los conocemos: planetas. Su recorrido por el cielo es único, porque están mucho más cerca de nosotros, lo que hace que percibamos su movimiento de manera distinta al de las estrellas lejanas.

Los pioneros de la astronomía solo identificaron cinco planetas: Mercurio, Venus, Marte, Júpiter y Saturno; los únicos que se pueden distinguir a simple vista. Los otros dos planetas de nuestro sistema solar, Urano y Neptuno, no pueden verse sin prismáticos o telescopio, y los astrónomos no repararon en ellos hasta los siglos XVIII y XIX.

El Sol ejerce mayor fuerza gravitacional cuanto más cerca de él se encuentran los objetos. Así, los objetos más interiores del sistema solar tienen órbitas más pequeñas y **velocidades orbitales** más rápidas (dan la vuelta alrededor del Sol más rápido). Mercurio, el planeta más cercano al Sol, tarda unos 88 días terrestres en girar alrededor del Sol, mientras que la Tierra necesita 365 días para completar su órbita. En cambio, Neptuno, el planeta que se encuentra en el límite de nuestro sistema solar, tarda 165 años terrestres en recorrer su órbita, es decir, casi setecientas veces más que Mercurio.

MERCURIO

MERCURIO

DIÁMETRO 4.879,4 km
DISTANCIA DEL SOL Debido a la marcada elipsis de su órbita, esta distancia oscila entre 47 y 70 millones de kilómetros.
SATÉLITES Ninguno
PERÍODO DE ROTACIÓN (DURACIÓN DEL DÍA MERCURIANO) 58 días terrestres, 15 horas y 30 minutos
PERÍODO DE REVOLUCIÓN (DURACIÓN DEL AÑO MERCURIANO) 88 días terrestres

Mercurio es el planeta más pequeño del sistema solar, es apenas más grande que la Luna y, además, es el más cercano al Sol. Por estos motivos es complicado distinguirlo en el cielo, aunque en ocasiones se deja ver y los humanos constataron su existencia en la Antigüedad. Debe su nombre a Mercurio, el mensajero de las deidades romanas famoso por su velocidad, puesto que **Mercurio** viaja por el cielo más rápido que ningún otro planeta.

Los planetas exteriores están compuestos mayoritariamente de gas. Sin embargo, la Tierra, Marte, Venus y Mercurio son planetas **terrestres**, formados sobre todo de rocas y metales. (La palabra «terrestre» viene de *terra*, que significa «tierra» en latín.)

Cada planeta de nuestro sistema solar sigue una convención particular a la hora de nombrar sus rasgos geológicos. En el caso de Mercurio, los cráteres tienen nombres de músicos, pintores, escritores y artistas. Hay un **cráter Ellington**, en honor al jazzista Duke Ellington, un **cráter Izquierdo**, por la pintora mexicana María Izquierdo, e incluso un **cráter Van Gogh**, por el famoso pintor impresionista Vincent Van Gogh.

MERCURIO RETRÓGADO

Debido al fenómeno de la **retrogradación**, Mercurio parece seguir su trayectoria habitual, detenerse, retroceder, y después volver a avanzar hacia adelante. Hay quien cree que Mercurio rige la comunicación y la verdad; así, cuando el planeta parece viajar marcha atrás (cuando «Mercurio está retrógrado»), estos aspectos se alteran. En realidad, el planeta nunca cambia de dirección: se trata de una ilusión causada por las posiciones relativas de la Tierra y Mercurio. Pero si crees que los astros ejercen una influencia sobre los acontecimientos de tu vida, es probable que un planeta que aparentemente cambia de rumbo varias veces al año te provoque un mal presentimiento.

VENUS

VENUS

DIÁMETRO 12.104 km
DISTANCIA DEL SOL 108 millones de kilómetros
SATÉLITES Ninguno
PERÍODO DE ROTACIÓN (DURACIÓN DEL DÍA VENUSIANO) 243 días terrestres
PERÍODO DE REVOLUCIÓN (DURACIÓN DEL AÑO VENUSIANO) 225 días terrestres

El segundo planeta más cercano al Sol lleva el nombre de la diosa romana del amor y la belleza. Venus tiene un par de peculiaridades que hacen de él un caso aparte dentro del sistema solar. Por ejemplo, da vueltas alrededor de su propio eje de este a oeste, al contrario que el resto de planetas que giran de oeste a este. Completa una **rotación** alrededor de su propio eje en 243 días terrestres, y una **revolución** alrededor del Sol en 225. Es decir, que un día venusiano es más largo que un año venusiano.

Venus es también un planeta **terrestre** (como Mercurio, la Tierra y Marte). Si bien es similar a nuestro planeta en cuanto a masa y tamaño, es mucho más caliente. Su elevada temperatura no se debe únicamente a su proximidad con el Sol, sino también a un **efecto invernadero** desproporcionado y que es provocado por su densa atmósfera, que impide escapar el calor.

Con una temperatura media suficiente para fundir plomo (supera los 424 °C), es el planeta más caliente de nuestro sistema solar.

También es muy brillante y, en ocasiones, puede observarse durante el día. La misma atmósfera espesa y nubosa que hace de Venus un planeta tan caliente refleja una gran cantidad de la luz solar que recibe, haciendo que este resplandezca en nuestro cielo.

En Venus, la mayoría de los rasgos de la superficie llevan por nombre a mujeres importantes de países y culturas de todo el mundo. Algunos rinden tributo a mujeres destacadas de la historia, como el **cráter Tubman**, en referencia a la activista estadounidense Harriet Tubman, y otros a personajes religiosos o mitológicos femeninos, como la meseta **Lakshmi Planum**, dedicada a la diosa hindú del amor y la guerra.

TIERRA

TIERRA

DIÁMETRO 12.742 km
DISTANCIA DEL SOL 149,6 millones de kilómetros
SATÉLITES 1, la Luna.
PERÍODO DE ROTACIÓN (DURACIÓN DEL DÍA TERRESTRE) 1 día
PERÍODO DE REVOLUCIÓN (DURACIÓN DEL AÑO TERRESTRE) 365 días

El único planeta que no lleva nombre de alguna deidad griega o romana es el nuestro, la Tierra. La palabra «tierra» viene del latín *terra*, y prácticamente todos los idiomas han nombrado a nuestro planeta con la palabra que usan para referirse a «suelo», o una muy parecida. Desde nuestra perspectiva terrestre, no parece que tengamos demasiado en común con esos brillantes puntos de luz que deambulan por el cielo sobre nuestras cabezas. Demostrar que la Tierra gira alrededor del Sol y es un planeta como los demás fue una tarea que requirió siglos, así como las ideas de algunos científicos revolucionarios como **Nicolás Copérnico** o **Galileo Galilei.**

La Tierra es el mayor de los planetas **terrestres**, aquellos formados por rocas y metales, cuyas superficies son más duras. Es, además, el único planeta donde está confirmada la presencia de **agua líquida** y se encuentra lo suficientemente cerca del Sol para notar su calor, pero no tanto como para que el calor impida que la vida prospere. Si la vida en la Tierra es posible, se debe a la cadena de circunstancias que se alinearon en este planeta. Los cambios más insignificantes en su posición o en su composición habrían hecho que la vida, tal y como la entendemos, no hubiera podido darse.

Hasta donde sabemos, la Tierra es el único sitio del universo con capacidad para albergar vida, pero ahora estamos en busca de otros lugares donde podría existir, y de momento, Marte se presenta como el mejor candidato. Las últimas misiones han revelado que, en otro tiempo, Marte podría haber tenido unas condiciones muy similares a las de la Tierra. Un satélite de Saturno, **Titán**, y otro de Júpiter, **Europa**, son otras de las opciones con potencial para albergar vida.

MARTE

MARTE

DIÁMETRO 6.779 km
DISTANCIA DEL SOL 227,9 millones de kilómetros
SATÉLITES 2, Fobos y Deimos
PERÍODO DE ROTACIÓN (DURACIÓN DEL DÍA MARCIANO) 1 día terrestre y 40 minutos
PERÍODO DE REVOLUCIÓN (DURACIÓN DEL AÑO MARCIANO) 687 días terrestres

Marte, el cuarto planeta más alejado del Sol, fue bautizado en alusión al dios romano de la guerra (el homólogo de **Ares**, la deidad griega). En el cielo nocturno, el destello de Marte suele ser rojizo, el color del fuego y de la sangre, por lo que el nombre parece acertado. Es el segundo planeta más pequeño de nuestro sistema solar, después de Mercurio. Pese a que su diámetro sea apenas la mitad del de la Tierra, comparte unas cuantas características con nuestro planeta: su día dura prácticamente lo mismo que el nuestro; su eje de rotación también está inclinado, lo que significa que atraviesa diversas estaciones, como el nuestro, e incluso tiene **casquetes polares**, como la Tierra.

Marte es el último de los planetas **terrestres**; los que orbitan más allá de él son gigantes gaseosos. Las pruebas que apuntan a la presencia de una atmósfera y de **agua líquida** en el pasado marciano incitan a muchos científicos a creer en la posibilidad de vida en Marte (o, por lo menos, de una vida pasada).

Contiene el **monte Olimpo**, la mayor montaña del sistema solar, nombrada como la montaña más alta de Grecia, hogar de las deidades de su mitología. Su altitud supera unas dos veces la del Everest.

Marte es uno de los escenarios de ciencia ficción por excelencia. En consecuencia, sus cráteres más importantes llevan el nombre de autores de este género, como el **cráter Roddenberry**, en honor al creador de *Star Trek*, Gene Roddenberry. Por otro lado, como este planeta nos recuerda tanto al nuestro, algunos de sus cráteres llevan el nombre de lugares de la Tierra, como el **cráter La Paz**, por la ciudad mexicana de La Paz, o el **cráter Reykholt**, por la localidad islandesa.

En el año 2003 comenzaron las misiones **Mars rover**, unas insólitas expediciones de exploración que emplean robots para recorrer la superficie del planeta rojo en busca de indicios de agua y vida, y para seguir estudiando otros aspectos de Marte.

JÚPITER

JÚPITER

DIÁMETRO 139.822 km
DISTANCIA DEL SOL 778,5 millones de kilómetros
SATÉLITES 67. Ío, Europa, Ganímedes y Calisto son los más grandes
PERÍODO DE ROTACIÓN (DURACIÓN DEL DÍA JOVIANO) 9 horas terrestres y 56 minutos
PERÍODO DE REVOLUCIÓN (DURACIÓN DEL AÑO JOVIANO) 12 años terrestres

El quinto planeta de nuestro sistema solar es el más grande y se llama igual que el dios romano del cielo y de los truenos, rey del panteón de Roma (el homólogo del dios griego **Zeus**). No en vano, los astrónomos de la Antigüedad equipararon al gran **gigante gaseoso** con su deidad más poderosa. Después de la Luna y Venus, Júpiter es el tercer objeto más visible de nuestro cielo nocturno. Antes de conocer sus dimensiones descomunales (una masa dos veces y media superior a todos los demás planetas del sistema solar juntos), los científicos ya lo consideraban un importante objeto celeste.

De los gigantes gaseosos, Júpiter es el más grande y el más cercano al Sol. Su superficie no es sólida, pero es posible que su núcleo sí. Está compuesto sobre todo de hidrógeno y helio y rodeado de masas nubosas, como la **Gran Mancha Roja**, un anticiclón más grande que la Tierra, que lleva años azotando su atmósfera.

Con un día de menos de diez horas, Júpiter posee el período de **rotación** más rápido del sistema solar.

Galileo fue el primero en descubrir los cuatro satélites jovianos más grandes, que hoy se conocen como las **lunas de Galileo**. Estas cuatro lunas, de un total de 67, llevan el nombre de personajes sujetos a la crueldad de Zeus: **Calisto**, **Europa**, **Ganímedes** e **Ío**. Europa está considerado uno de los cuerpos más importantes de nuestro sistema solar y se cree que podría tener vida alienígena.

SATURNO

SATURNO

DIÁMETRO 116.464 km
DISTANCIA DEL SOL 1.400 millones de kilómetros
SATÉLITES 62. Más una infinidad de satélites menores y demás satélites que conforman sus anillos
PERÍODO DE ROTACIÓN (DURACIÓN DEL DÍA SATURNAL) 10 horas terrestres y 42 minutos
PERÍODO DE REVOLUCIÓN (DURACIÓN DEL AÑO SATURNAL) 29 años terrestres

Saturno, el segundo **gigante gaseoso** y sexto planeta del sistema solar, lleva el nombre del dios romano de la agricultura (**Cronos**, en la mitología griega). **Galileo** fue el primero que dejó constancia de la existencia de los famosos anillos de Saturno, pero su telescopio no disponía de los avances tecnológicos suficientes para identificarlos correctamente y pensó que se trataba de satélites. A mediados del siglo XVII el astrónomo y matemático holandés **Christiaan Huygens** fue el primero en reconocerlos como anillos. A principios de la década de 1980, la misión ***Voyager*** llegó a Saturno y regresó a la Tierra con fotografías de los célebres anillos.

Los 62 satélites de Saturno poseen tamaños muy diferentes. **Titán**, el mayor, es el segundo más grande del sistema solar y supera en tamaño a Mercurio. Pero sus lunas más pequeñas apenas superan un kilómetro de diámetro y su forma se parece más a una patata que a una esfera. Tras el descubrimiento de Titán en 1655, los siguientes satélites saturnales en observarse fueron nombrados como algunos titanes, las deidades primigenias de la mitología griega: **Tetis**, **Jápeto**, o **Rea**, entre otros.

Cuando los planetas, los satélites y demás objetos celestes comenzaron a agotar el pozo de las deidades grecorromanas, por fin se empezaron a incluir referencias a otras culturas a la hora de nombrar descubrimientos espaciales. Uno de los grupos de satélites de Saturno lleva nombres de la mitología **inuit**, que incluye las lunas de **Siarnaq**, **Tarqeq** y **Kiviuk**. Otro grupo hace referencia a personajes de la mitología **nórdica**, como **Skathi**, **Fenrir** e **Ymir**. Un tercer grupo, a la mitología **gala**, como **Tarvos** o **Albiorix**.

URANO

URANO

DIÁMETRO 50.724 km
DISTANCIA DEL SOL 2.900 millones de kilómetros
SATÉLITES 27. Los más grandes son Miranda, Ariel, Umbriel, Titania y Oberón.
PERÍODO DE ROTACIÓN (DURACIÓN DEL DÍA URANIANO) 17 horas terrestres y 14 minutos
PERÍODO DE REVOLUCIÓN (DURACIÓN DEL AÑO URANIANO) 84 años terrestres

El tercer **gigante gaseoso** y séptimo planeta del sistema solar se llama como el dios griego del cielo, **Urano** (conocido como **Caelus** en la mitología romana). Es el único planeta del sistema solar con la versión griega de la deidad en lugar de la romana. Urano era el padre de Cronos y el abuelo de Zeus, por lo que en un diagrama del sistema solar, Urano, Saturno (Cronos en la mitología griega) y Júpiter (Zeus en la mitología griega) pertenecerían al mismo árbol genealógico.

Al igual que su vecino Neptuno, Urano se considera tanto un gigante gaseoso como un **gigante helado**, puesto que su composición química difiere de la de los auténticos gigantes gaseosos, Júpiter y Saturno. Si se observa a través de un telescopio, puede percibirse su color azul y su débil sistema anular, descubierto por **William Herschel** y confirmado, siglos después, por un observatorio de la **NASA**. Urano es el único planeta de nuestro sistema solar cuyo eje de rotación es prácticamente perpendicular al de su órbita. Así, durante su traslación, no es su ecuador el que está alineado con el Sol, sino sus polos, y por eso casi parece rodar sobre su órbita como si fuera una pelota, en lugar de girar como un globo terráqueo.

Urano fue el primero de los planetas descubiertos en tiempos modernos. Herschel, quien lo observó en 1781, quería bautizar al nuevo planeta como su monarca, el rey Jorge III, pero se impuso el criterio de los personajes de la mitología clásica. Los científicos que han estudiado Urano creen que puede tener una presión suficiente para que bajo su atmósfera se haya creado un océano de diamante líquido.

Los 27 satélites de Urano se llaman como algún personaje de las obras de Shakespeare. **Julieta**, **Próspero**, **Desdémona** o **Puck** son solo algunos ejemplos.

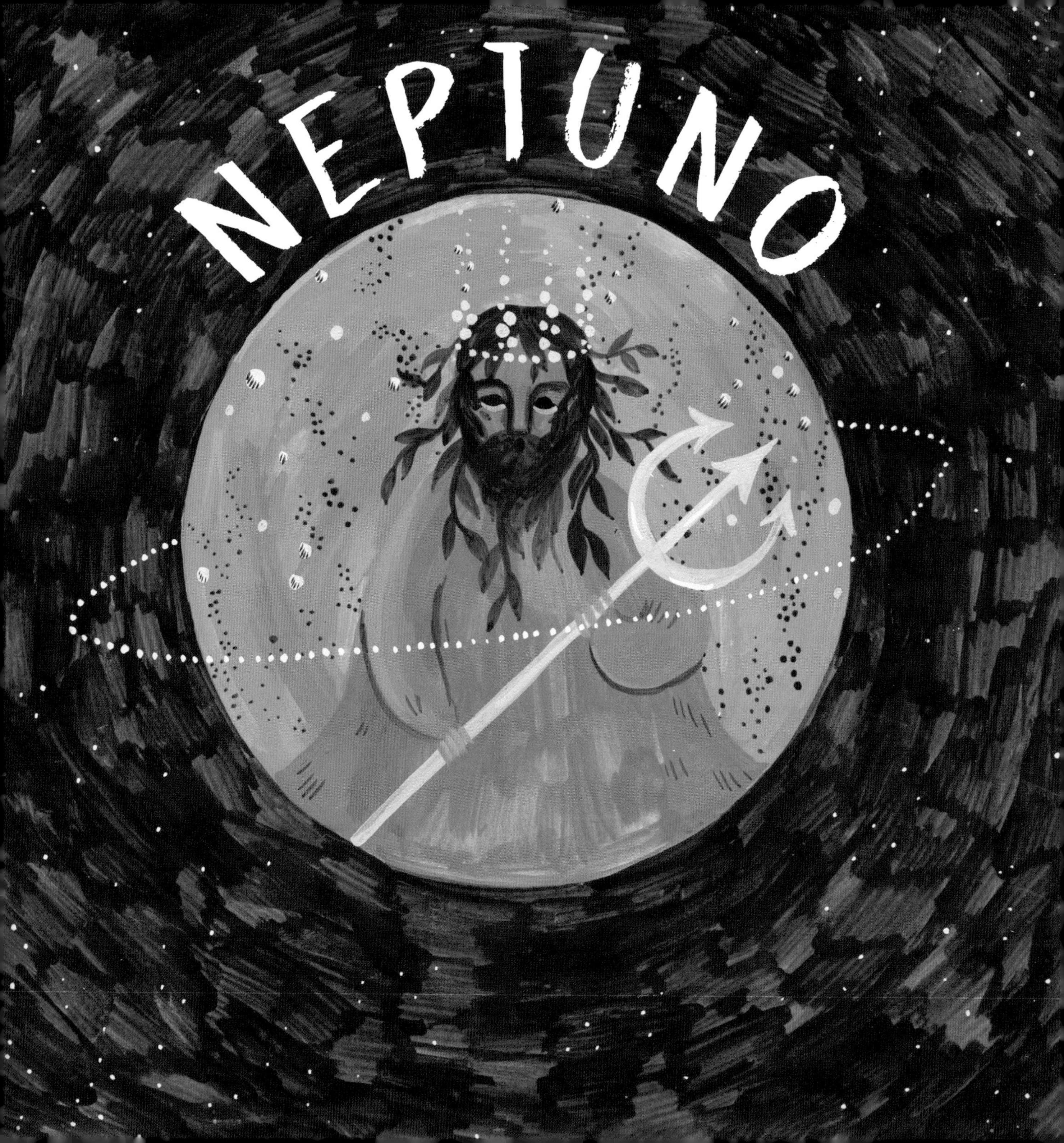
NEPTUNO

NEPTUNO

DIÁMETRO 49.500 km
DISTANCIA DEL SOL 4.500 millones de km
SATÉLITES 14. Tritón es el más grande.
PERÍODO DE ROTACIÓN (DURACIÓN DEL DÍA NEPTUNIANO) 16 horas terrestres y 6 minutos
PERÍODO DE REVOLUCIÓN (DURACIÓN DEL AÑO NEPTUNIANO) 165 años terrestres

El último **gigante gaseoso** es el octavo y último planeta de nuestro sistema solar y se llama como el dios romano del mar (**Poseidón** en la mitología griega). Neptuno es similar a Urano en cuanto a composición y tamaño y, si se observa con un telescopio, es de un azul más intenso que su vecino. Las observaciones de este planeta revelan que su superficie puede ser uno de los lugares del sistema solar más azotados por vientos y tormentas. De hecho, contiene manchas negras visibles que son, como la **Gran Mancha Roja** de Júpiter, potentes y prolongados ciclones.

Los satélites de Neptuno fueron nombrados como las deidades marinas menores de la mitología griega. Su satélite más grande, **Tritón**, se llama igual que el hijo de Poseidón, el dios del mar. Se trata de la única gran luna del sistema solar que sigue una **órbita retrógrada** alrededor de su planeta, es decir que se traslada en la dirección contraria a la **rotación** de Neptuno.

Neptuno no puede verse sin ayuda de un telescopio y es el único planeta que no fue descubierto por observación directa, sino por predicciones basadas en modelos matemáticos. Los científicos que estudiaban el movimiento de Urano constataron discrepancias en su posición que solo podían explicarse mediante la influencia de otro planeta aún por descubrir. Y resultó ser Neptuno, cuya existencia fue confirmada por observaciones telescópicas poco tiempo después, en 1846. Es el planeta con el período orbital más largo: tarda 165 años terrestres en completar una **revolución** alrededor del Sol, lo que quiere decir que desde su descubrimiento solo ha transcurrido un año neptuniano completo.

OBJETOS EXTERIORES

Más allá de los planetas exteriores o gaseosos existe
una multitud de cuerpos que también están sujetos
a la influencia de la gravedad de nuestro Sol.
Aún estamos aprendiendo sobre ellos:
la idea de que existe algo en nuestro sistema solar
más allá de la órbita de Neptuno data de apenas un siglo.
Los objetos exteriores o transneptunianos
se encuentran muy lejos de nosotros,
por lo que los hemos estudiado mucho menos
que a nuestros vecinos planetarios más cercanos,
pero cada vez sabemos más acerca de ellos.

Más allá de la órbita de Neptuno existe un enorme disco de cuerpos helados llamado **Cinturón de Kuiper**. Contiene una multitud de planetas enanos, objetos similares a los planetas pero demasiado pequeños para ser clasificados como tales. **Plutón** es uno de ellos: se le consideró un planeta verdadero hasta principios del siglo XXI, cuando se descubrieron más objetos del Cinturón de Kuiper con unas dimensiones parecidas y se vio la necesidad de redefinir el concepto de planeta.

la nube de Oort

Más allá del Cinturón de Kuiper hay una nube esférica de objetos helados y chatarra espacial que envuelve el sistema solar. Se sabe muy poco de este lejano componente de nuestro sistema solar, que nunca ha sido observado directamente. Se llama la **nube de Oort**, en honor al astrofísico que predijo su existencia, **Jan Oort**.

Algunos científicos sostienen que muchos de nuestros cometas se originan en la nube de Oort, e incluso que algunos objetos que se han desprendido de la nube hacia el interior han sido capturados como satélites por la gravedad de los planetas exteriores.

LOS ASTEROIDES, COMETAS Y METEOROS

COMETAS

Los cometas son pedazos de roca o de hielo que se desplazan alrededor del Sol siguiendo órbitas elípticas. Se clasifican en **cometas periódicos**, aquellos que tardan menos de doscientos años en recorrer su órbita, y **no periódicos**, aquellos cuya órbita es más larga y tardan entre doscientos y mil años en recorrerla.

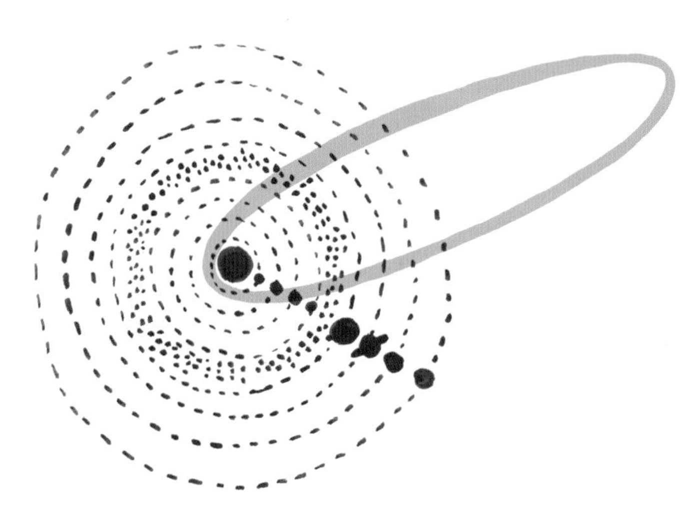

Cuando la trayectoria de un cometa lo acerca al Sol, este se calienta y libera los gases que contiene en su interior, lo que provoca que alrededor de su núcleo se forme una nube de polvo y gas llamada *coma* o cabellera. En ocasiones, esta liberación de gases también genera una **cola** que se extiende tras el cometa. La palabra «cometa» viene de *coma*, que en griego antiguo significaba «pelo», en referencia al aspecto de melena que tenían la coma y la cola.

Antes de la llegada de la ciencia moderna, los cometas solían considerarse como malos presagios: señales de plagas y muertes, de gobiernos derrocados o de hambrunas. Eran apariciones desconcertantes en el cielo nocturno, puesto que irrumpían sin avisar, tenían un comportamiento extraño y eran difíciles de predecir.

Pero todas esas supersticiones tuvieron su lado bueno. Como los cometas se consideraban acontecimientos astronómicos importantes, nuestros antepasados los describieron con mucho detalle. Todas aquellas anotaciones, datadas de varios siglos de antigüedad, han permitido a los astrónomos estudiar los cometas de un pasado remoto.

Por lo general, los cometas llevan el nombre de la persona que los descubrió. El **cometa 35/P Herschel-Rigollet**, por ejemplo, fue descubierto en primer lugar por **Caroline Herschel** en 1788, y redescubierto en 1939 por **Roger Rigollet**.

1P/Halley, el cometa más famoso, lleva el apellido del célebre científico **Edmund Halley**. Es una notable excepción a la regla de llamar a los cometas con el nombre de su descubridor, pues hacía siglos que el cometa de Halley había sido descubierto, redescubierto y estudiado (la primera observación registrada data de 240 a.C.). No obstante, hasta que Edmund Halley presentó los resultados de sus estudios, nadie cayó en la cuenta ni supo demostrar que todas aquellas observaciones realizadas a lo largo de los siglos eran del mismo cometa.

METEOROS

A veces, cuando pensamos en el espacio exterior, imaginamos un «espacio» vacío, pero, en realidad, hay pequeños trozos de chatarra espacial esparcidos por gran parte de él. Estos residuos no representan un peligro para nosotros. De hecho, hasta podemos verlos pasar en forma de **estrellas fugaces**.

Existen tres nombres científicos para definir estas piezas de chatarra espacial: meteoroide, meteoro y meteorito. Aunque suenen parecido, cada palabra remite a una etapa vital distinta de una de esas piezas residuales de las estelas de cometas y asteroides.

En su viaje alrededor del Sol, los cometas suelen dejar una estela de polvo a su paso; se trata de pequeños pedazos de la materia que los envuelve, que se desprenden por efecto de la **desgasificación** provocada por el Sol. Cuando las estelas coinciden con la órbita de la Tierra, es muy posible que colisionemos con alguna de las partículas de polvo que flotan alrededor de nuestra órbita. Entonces, esos trozos de basura espacial entran en contacto con nuestra atmósfera y se queman, todos a la vez, en un deslumbrante espectáculo que desde la Tierra percibimos como una **lluvia de meteoros**. Durante estos fenómenos, es posible que veamos cientos de «estrellas fugaces».

Cuando un pequeño
cuerpo rocoso
se dirige
hacia la Tierra,
hablamos de
meteoroide.

Cuando un meteoroide
entra en contacto
con la atmósfera de la
Tierra y se quema,
emitiendo
un destello o un rayo
de luz en el cielo
nocturno, hablamos
de **meteoro**.

Cuando un trozo
de meteoro
sobrevive a su paso
por la atmósfera
y aterriza
en la Tierra,
hablamos
de **meteorito**.

Durante una lluvia de meteoros, estos parecen manar de un punto específico del cielo llamado el **radiante**. Así, las lluvias llevan el nombre de la constelación donde se halla dicho punto. Por ejemplo, la famosa lluvia de las **Perseidas** tiene lugar en agosto, cuando la Tierra atraviesa la estela de meteoroides que el cometa **109P/Swift-Tuttle** deja a su paso. El radiante de los meteoros correspondientes se ubica en la constelación de Perseo, y por eso llamamos a esta lluvia de meteoros las Perseidas.

Como las lluvias de meteoros se dan cuando la Tierra pasa por un punto concreto de su órbita donde hay mucha chatarra espacial, es posible predecir el lugar y el momento en que una lluvia de meteoros ocurrirá: más o menos una vez al año.

Es más fácil ver las lluvias de meteoros en las horas más oscuras de la noche, cuando la contaminación lumínica es menor. Asimismo, se aprecian mejor con luna nueva, o casi nueva, puesto que la luna llena puede emitir suficiente contaminación lumínica como para interferir en la observación de estrellas. Estas son algunas de las lluvias de meteoros más famosas.

las CUADRÁNTIDAS

Las Cuadrántidas alcanzan su máximo a principios de enero. Parecen caer de la constelación Boötes, pero llevan el nombre de una constelación obsoleta, Quadrans Muralis, cuyas estrellas ahora pertenecen a Boötes.

COMETA PROGENITOR Desconocido

las LÍRIDAS

Las Líridas alcanzan su máximo entre mediados y finales de abril. Parecen caer de la constelación de Lira.

COMETA PROGENITOR C/1861 G1 (Thatcher)

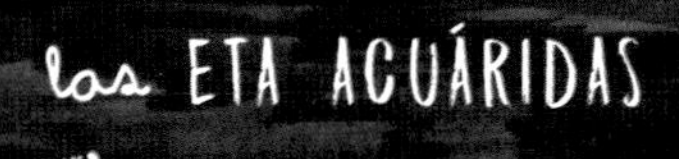

las ETA ACUÁRIDAS

Las Eta Acuáridas alcanzan su máximo a principios de mayo y parecen caer de la constelación de Acuario.

COMETA PROGENITOR 1P/Halley (el cometa Halley)

las PERSEIDAS

Las Perseidas alcanzan su máximo entre principios y mediados de agosto y parecen caer de la constelación de Perseo.

COMETA PROGENITOR 109P/Swift-Tuttle

las ORIÓNIDAS

Las Oriónidas alcanzan su máximo entre mediados y finales de octubre y parecen caer de la constelación de Orión.

COMETA PROGENITOR 1P/Halley (el cometa Halley)

las LEÓNIDAS

Las Leónidas alcanzan su máximo entre mediados y finales de noviembre y parecen caer de la constelación de Leo.

COMETA PROGENITOR 55P/Tempel-Tuttle

las GEMÍNIDAS

Las Gemínidas alcanzan su máximo a mediados de diciembre y parecen caer de la constelación de Géminis.

CUERPO PROGENITOR Asteroide (3200) Faetón

ASTEROIDES

Los asteroides son cuerpos rocosos de nuestro sistema solar que no pueden considerarse ni cometas ni meteoroides. Mientras que los cometas están compuestos principalmente de hielo y polvo, los asteroides son básicamente rocosos, como los meteoroides, pero son mucho más grandes.

El primer asteroide que recibió nombre, **Ceres**, fue descubierto entre las órbitas de Marte y de Júpiter a principios del siglo XIX. En aquel momento, lo clasificaron como planeta, a pesar de que su tamaño equivale a una pequeña fracción de nuestro satélite. A medida que se fueron descubriendo más asteroides, se hizo evidente que Ceres compartía órbita con una miríada de pedazos de roca. Entonces, se reclasificó como planeta enano, pues era el objeto más grande dentro de un enorme disco de asteroides que orbitaban alrededor del Sol. Esta región se conoce como el **cinturón de asteroides** y contiene miles (probablemente millones) de asteroides individuales.

El término «asteroide» viene de *aster*, «estrella» en griego antiguo, puesto que en un principio, cuando se observaron a través de las primeras lentes, parecían puntos brillantes de luz.

Hoy, los asteroides están considerados como planetoides o planetas menores, aunque algunos sean tan grandes como para tener sus propios satélites. Otros, en cambio, son lo suficientemente pequeños para ser confundidos con meteoroides. De hecho, la línea divisoria entre unos y otros es algo difusa, aunque lo normal es clasificarlos por el tamaño: los asteroides son grandes (más de un metro de diámetro, aproximadamente) y los

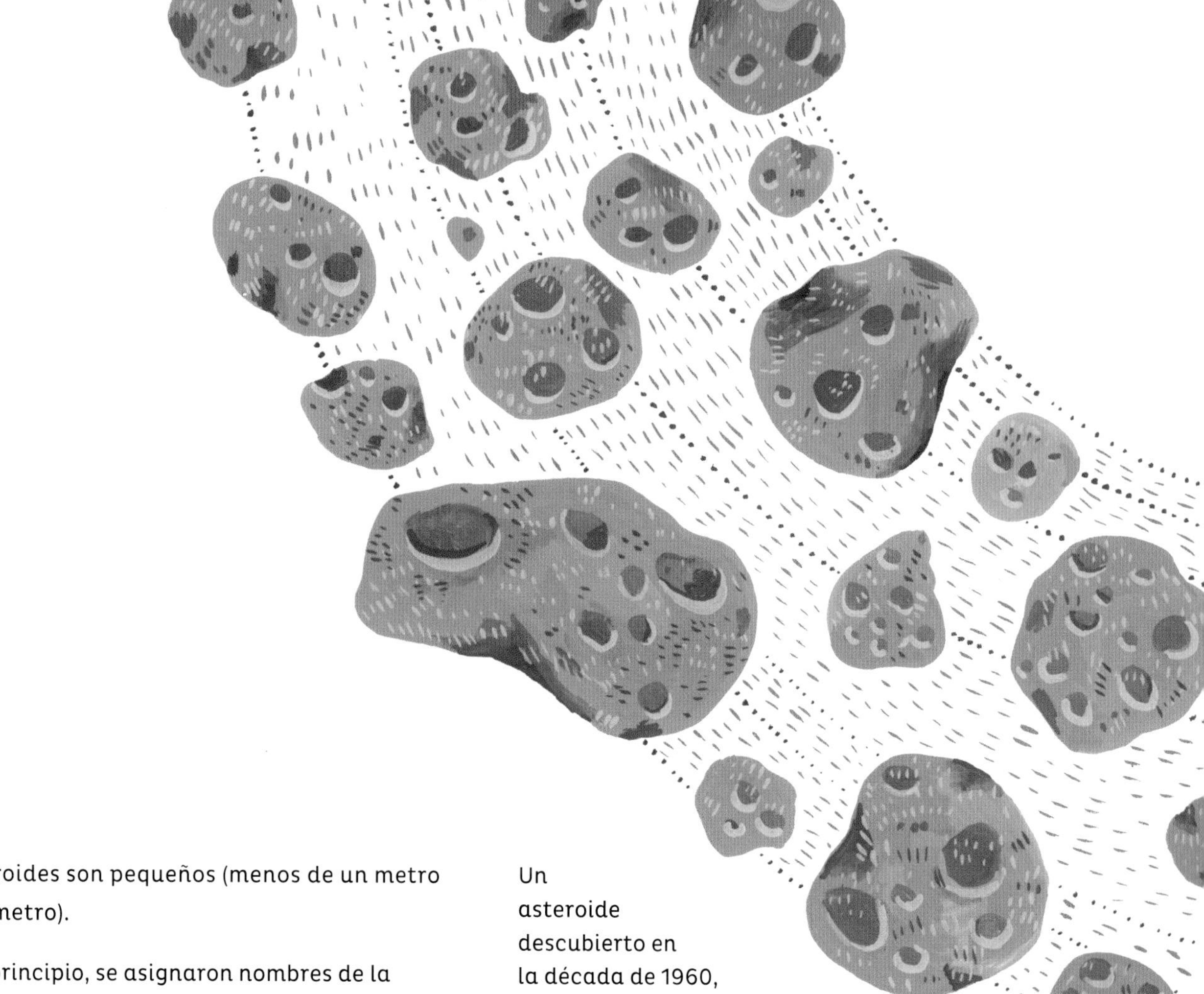

meteoroides son pequeños (menos de un metro de diámetro).

En un principio, se asignaron nombres de la mitología griega y romana a los asteroides. Ceres, por ejemplo, era el nombre de la diosa romana de la agricultura. Entre los asteroides descubiertos por la misma época se encuentra **Juno**, en honor a la reina de los dioses romanos, y **Vesta**, la diosa romana del hogar. Los más recientes llevan el nombre de su descubridor, por lo que la nomenclatura de los asteroides se ha expandido más allá de los dominios de la mitología clásica.

Un asteroide descubierto en la década de 1960, el **2059 Baboquivari**, lleva el nombre de una montaña sagrada para el pueblo Tohono O'odham del desierto de Sonora, en Norteamérica, donde fue avistado por primera vez. Otro, descubierto en la década de 1980, el **2675 Tolkien**, se llama así en honor al autor de literatura fantástica J. R. R. Tolkien.

EL ESPACIO PROFUNDO

MENSAJES para las ESTRELLAS

Llevamos miles de años intentando interpretar los mensajes que vemos en las estrellas. Hace algunas décadas comenzamos a enviar los nuestros con ***Pioneer 10*** y ***Pioneer 11***, dos misiones exploratorias de lo más innovadoras. Fueron las primeras en transportar historias sobre la humanidad y la vida en la Tierra, con el objetivo de que algún día lleguen a ser leídas por vida inteligente extraterrestre.

Pioneer 10 despegó de Cabo Cañaveral, en Florida, el 2 de marzo de 1972. Fue la primera misión que realizó observaciones directas de Júpiter. El 13 de junio de 1983 se convirtió en la primera nave espacial en haber salido del sistema solar. El último contacto entre la Tierra y *Pioneer 10* tuvo lugar el 23 de enero de 2003, cuando se agotó la fuente de energía de la nave.

Pioneer 11, la nave hermana de Pioneer 10, partió de Cabo Cañaveral el 6 de abril de 1973. Realizó las primeras observaciones directas de Saturno. La Tierra recibió su última señal el 30 de septiembre de 1995.

Lo más probable es que ambas naves continúen su viaje ininterrumpidamente por sus respectivas trayectorias durante millones de años antes de que lleguen a entrar en contacto con las estrellas, porque el espacio que hay entre los objetos del espacio profundo es tan increíblemente inmenso que las probabilidades de que coincidan con algo son remotas. La *Pioneer 11* se dirige hacia la estrella **Aldebarán**, en la constelación de **Tauro**, a sesenta y ocho años luz. Necesitará más de dos millones de años para llegar. Y *Pioneer 10* se dirige a la constelación de **Aquila** y se aproximará a alguna de sus estrellas dentro de unos cuatro millones de años. Ninguna de estas naves volverá a la Tierra, pero la información que nos enviaron durante sus misiones marcó un antes y un después en nuestro conocimiento del espacio.

Las dos naves *Pioneer* llevan placas de aluminio anodizado en oro, con imágenes y símbolos grabados. Las **placas** fueron concebidas para comunicar información sobre los humanos a otras formas de vida inteligentes, en el hipotético caso de que la nave fuese interceptada durante su viaje espacial.

La artista **Linda Salzman** creó las ilustraciones para la placa, que presenta un diagrama de nuestra posición en el sistema solar comparado con catorce púlsares, para ayudar al posible lector de la placa a triangular la posición de nuestro sistema solar, y a un boceto de un hombre y una mujer, para proporcionar una representación visual de la especie responsable de la nave.

MISIÓN INTERESTELAR *VOYAGER*

La **misión *Voyager*** siguió a las sondas
Pioneer 10 y *Pioneer 11*.
Voyager 2 despegó el 20 de agosto de 1977,
y *Voyager 1*, el 5 de septiembre de 1977,
ambas desde Cabo Cañaveral.
Su principal cometido era explorar
Júpiter, Saturno y Titán, el satélite
más grande de Saturno. En la actualidad, ambas naves
mantienen comunicación con la Tierra.

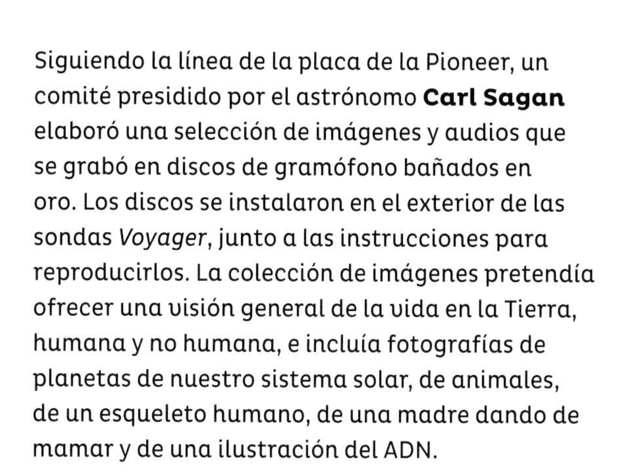

Siguiendo la línea de la placa de la Pioneer, un comité presidido por el astrónomo **Carl Sagan** elaboró una selección de imágenes y audios que se grabó en discos de gramófono bañados en oro. Los discos se instalaron en el exterior de las sondas *Voyager*, junto a las instrucciones para reproducirlos. La colección de imágenes pretendía ofrecer una visión general de la vida en la Tierra, humana y no humana, e incluía fotografías de planetas de nuestro sistema solar, de animales, de un esqueleto humano, de una madre dando de mamar y de una ilustración del ADN.

Las grabaciones de audio empiezan con personas enviando saludos y mensajes de paz en sus respectivos idiomas. Se escogieron civilizaciones e idiomas de todo el mundo, incluso se incluyeron lenguas muertas. A continuación, sigue una selección de sonidos de la Tierra, como tormentas, aullidos de perros, trenes o pisadas. Después, una compilación de música de todo el mundo y, por último, una grabación de una hora de ondas cerebrales humanas.

Voyager 1 es el objeto fabricado por el hombre que más lejos de la Tierra ha llegado. De hecho, en 2012, penetró en el **espacio interestelar**.

Voyager 1 y *Pioneer 10* navegan en direcciones opuestas y en la actualidad son las sondas separadas por una mayor distancia. Si algún día, alguien o algo en el firmamento recibe un mensaje de la humanidad, será gracias a estas dos naves.

ESPACIO PROFUNDO

Materia oscura,
energía oscura, agujeros negros,
nebulosas, púlsares, cuásares...
Cuanto más sabemos acerca del
universo, más misterioso se nos antoja.
Y la exploración del espacio profundo
no ha hecho más que empezar.
Estamos descubriendo nuevas galaxias
y exoplanetas de sistemas lejanos,
estamos observando
la evolución de nuevas estrellas
que arrojarán algo de luz
para entender dónde y cómo
nació nuestro propio Sol.

Desde los albores de la humanidad, hemos alzado la vista al cielo con respeto y admiración, pero cuanto más sabemos del cosmos, más inmenso nos parece. Hoy en día, la ciencia estima que el diámetro del universo mide varias decenas de miles de millones de años luz, una cifra tan desorbitada que es prácticamente imposible de asimilar.

La humanidad siempre ha estado sedienta de conocimiento y exploración. Es más, nuestro deseo de entender el mundo que nos rodea forma parte de nuestra esencia. Y ya no estamos limitados a la Tierra: hemos pisado la Luna y ahora esperamos aterrizar en nuestro vecino Marte. Nuestros instrumentos científicos nos permiten expandir nuestra presencia hasta lugares cada vez más lejanos y, si la ciencia continúa progresando, resulta imposible saber qué seremos capaces de descubrir en un futuro sobre el espacio profundo que se extiende a nuestro alrededor.

NEBULOSAS

Las nebulosas son grandes nubes de polvo o de gas que se encuentran en el espacio interestelar. Provienen de estrellas en extinción y también pueden ser los lugares donde nacen nuevas estrellas, por lo que a veces reciben el nombre de **guarderías estelares**.

Las nebulosas son increíblemente extensas, pero no muy densas. De lejos parecen nubes por lo enormes que son, pero en realidad, la densidad de la mayoría de las nebulosas se aproxima más a la del **vacío** que a la del aire que respiramos en la Tierra. En función de los **elementos** que compongan la nebulosa, su color oscilará entre el azul, el rojo o el verde, incluso podrá adquirir tonos fuera del espectro de luz visible.

Los antiguos astrónomos consideraban nebulosas cualquier objeto borroso o difuso que observasen en el cielo nocturno, pero carecían de medios para detectar u obtener imágenes de la majestuosidad de esas nubes que hoy consideramos nébulas.

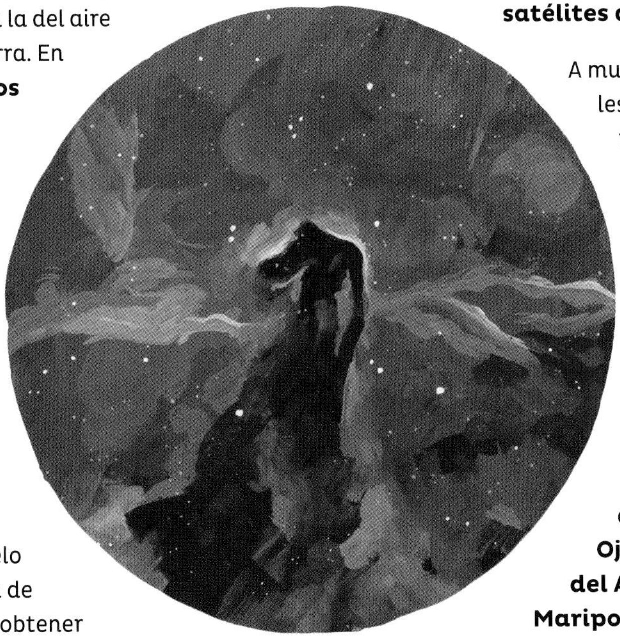

Si hemos conseguido contemplar su belleza ha sido gracias a sondas modernas diseñadas para la observación del espacio profundo, como el **telescopio espacial Hubble** y otros **satélites de observación**.

A muchas nebulosas se les asignan nombres relacionados con su forma. La **nebulosa Cabeza de Caballo**, una **nebulosa oscura** de la constelación de Orión descubierta por la astrónoma Willamina Fleming, tiene, cómo no, forma de cabeza de caballo. La **nebulosa Ojo de Gato**, la **nebulosa del Anillo** o la **nebulosa Mariposa** son otros ejemplos de nebulosas con nombre de un objeto familiar con el que guardan algún parecido.

¿HAY ALGUIEN AHÍ?

¿Qué probabilidades hay de que exista vida inteligente fuera de nuestro sistema solar? El científico **Enrico Fermi** pasó a la historia por poner sobre la mesa la contradicción entre dos ideas opuestas.

Por un lado, la posibilidad de que en el universo existan planetas similares a la Tierra es bastante elevada. Parece plausible que, al menos algunos, hayan albergado vida inteligente en algún momento y que, del mismo modo que nosotros, esa vida haya intentado viajar y comunicarse a nivel interestelar. Por otro lado, no existen pruebas de que algún tipo de vida extraterrestre haya estado en contacto con la Tierra o la haya visitado. Si bien las condiciones incitan a creer en la existencia de vida extraterrestre, la realidad es que carecemos de pruebas. Esta contradicción se conoce como la **paradoja de Fermi**.

Incluso si asumimos que existe vida inteligente en algún punto del universo, ¿de verdad cabe esperar que se encuentren con alguno de los cuatro diminutos objetos dorados que enviamos en las misiones *Pioneer* y *Voyager*? Lo más probable es que no. El sentido práctico de intentar comunicarnos con una hipotética vida alienígena mediante pequeños artefactos humanos, como las placas de la *Pioneer* o el disco de la *Voyager*, es prácticamente nulo.

Pero aun así, ¿por qué no intentarlo? Leer los mensajes de las estrellas ha sido una parte importante de la cultura humana a lo largo de la historia. Es natural que nosotros también hayamos querido enviar señales. Y aunque seamos los únicos seres inteligentes en oír y ver esos mensajes, no debemos dejar de enviarlos. Después de todo, nuestras propias historias son las que los cielos nos han contado durante todo este tiempo.

AGRADECIMIENTOS

En primer lugar, me gustaría dar las gracias a mi editora, Kaitlin Ketchum, guía ejemplar a lo largo de la creación de este libro, y a la diseñadora de libros Betsy Stromberg, por darle cuerpo y hacer que sea tan bonito. Gracias también a Jane Chinn, Natalie Mulford y Windy Dorresteyn de Ten Speed Press.

Gracias a Julie y Jeff Oseid, mi madre y mi padre, por criarme entre planetarios, bibliotecas, museos y jardines; por inculcarme el amor por el aprendizaje y el descubrimiento; y por todo su amor y su apoyo.

Por último, gracias a Nick Wojciak, por su eterna paciencia y sus sabios consejos, y por ser un mejor amigo implacable.

SOBRE la AUTORA

Kelsey Oseid es una artista e ilustradora del Medio Oeste de los Estados Unidos. Su obra es un canto a la ciencia, a la naturaleza y a las formas en que los humanos se relacionan con el mundo natural. Vive en Minneapolis con su marido, Nick, dos gatos y dos pollos.

ÍNDICE

Título original: *What We See in the Stars: An Illustrated Tour of the Night Sky*
Primera edición: noviembre de 2017

Esta traducción está publicada por acuerdo con Ten Speed Press, imprenta de Crown Publishing Group, división de Penguin Random House LLC.

Diseño: Betsy Stromberg

Printed in Spain – Impreso en España

ISBN: 978-84-03-51843-8
Depósito legal: B-17.154-2017

Impreso en Gráficas 94, S.L.
Sant Quirze del Vallès (Barcelona)

A G 1 8 4 3 8

Penguin
Random House
Grupo Editorial